欢乐数学营

七堂极简数学课

张若军 高翔 范中平 —— 编著

Mathematics

人民邮电出版社

北京

图书在版编目（CIP）数据

七堂极简数学课 / 张若军，高翔，范中平编著. --
北京 : 人民邮电出版社，2023.11
（欢乐数学营）
ISBN 978-7-115-61646-3

Ⅰ. ①七… Ⅱ. ①张… ②高… ③范… Ⅲ. ①数学－
青少年读物 Ⅳ. ①O1-49

中国国家版本馆CIP数据核字(2023)第070758号

内 容 提 要

数学是一门古老而又充满活力的学问。从自然数到万物皆为有理数，从欧氏几何到变量数学，从确定到随机，最后再到计算机与人工智能，数学的发展凝聚了人类的最高智慧，也极大地推动了社会文明的进步。

本书通过七堂简洁易懂的课程串起了数学发展历史中的一些重要概念、人物、事件等，包含代数学、几何学、分析学、随机数学以及计算数学这些数学分支中的重要而又基本的内容，叙述详略得当，架构完整，整体和谐有序。作者在阐述博大精深、错综复杂的数学演化过程时，将历史、传记和科学融为一体，并倾注了个人对数学与科学的热爱和理解。

本书适合广大数学爱好者阅读，也可供对数学文化感兴趣的人士参考。

◆ 编　著　张若军　高　翔　范中平
　　责任编辑　刘　朋
　　责任印制　陈　犇

◆ 人民邮电出版社出版发行　　北京市丰台区成寿寺路 11 号
　　邮编　100164　　电子邮件　315@ptpress.com.cn
　　网址　https://www.ptpress.com.cn
　　三河市中晟雅豪印务有限公司印刷

◆ 开本：720×960　1/16
　　印张：14.5　　　　　　　　2023 年 11 月第 1 版
　　字数：211 千字　　　　　　2023 年 11 月河北第 1 次印刷

定价：59.90 元

读者服务热线：(010)81055410　印装质量热线：(010)81055316
反盗版热线：(010)81055315
广告经营许可证：京东市监广登字 20170147 号

前　言 ➤➤➤

接受过学校教育的人都知道一些数学知识，但如果上升到认知数学的本源和本质问题，比如数学是如何发展的，因何发展，其精神、思想与方法有哪些，对人类文明产生了怎样的影响，又是如何指导人类探索世界的，估计就没有多少人可以说清楚了。

数学与那些研究特殊事物的具体科学（如物理学、化学、生物学等）确实有很大的区别，不在同一层面上。今天的数学已经渗透到几乎所有的科学领域中，为它们的存在、发展和进步提供了必要的工具和行之有效的方法。大量的历史事实证明了数学成就的持久生命力。

意大利物理学家卡洛·罗韦利的科普名作《七堂极简物理课》畅销多年，该书以七堂简单清晰的课程阐述了 20 世纪以来的现代物理学。作者的文笔飘逸，语言如诗般优美，特别是没有烦琐的方程式，能令人在愉悦的心境下领略物理世界的有趣、丰富和深邃，心智得到启迪。

对于无处不在而又无比重要的数学，为什么不能有一本类似于《七堂极简物理课》的科普读物呢？既然现代人需要具备一定的科学素质，而数学素质是科学素质中必不可缺的一项，那么数学的科普就是十分必要和有意义的。几年前，编者有意撰写一本《七堂极简数学课》，但真正着手构思时，在卷帙浩繁的数学史料中，如何选取内容构建"七堂课"，到底要"简"到什么程度，以何种风格进行撰写，成为摆在编者面前的一道道难题。

　　那些在数学的天空中熠熠生辉、个性鲜明的数学家，那些精彩纷呈、跌宕起伏的数学故事，那些超凡脱俗、优美奇异的数学杰作，那一段段漫长艰辛、蜿蜒曲折的数学发展史，令人难以取舍。但总归是仁者见仁、智者见智，一千个人眼中有一千个哈姆雷特，我们选择呈现的内容和方式虽然基于个人对数学的认识，但也能反映数学中最基本和最核心的问题，以及伴随这些问题而出现的人和事。20世纪英国分析学派的代表人物哈代在他那本著名的《一个数学家的辩白》中坦言："数学家们的学科是最奇怪的——任何一个学科中的真理都不像数学真理那么古灵精怪。数学中有着最精致和最迷人的技术，对于展现单纯的职业技巧来说，它为人们提供了无可比拟的机会。"本书选择了最具代表性的数学分支，串起历史、人物及数学的发明与发现，以此反映哈代所说的"奇怪"。

　　本书关注七大数学分支：第1章为数论，第2章为代数学，第3章为几何学，第4章为分析学，第5章为微分方程，第6章为随机数学，第7章为计算数学。由于编者的主观及客观原因，本书不可避免地存在一些问题。第一，书名虽强调极简，但因为考虑叙述系统、架构完整，所以每一章的内容仍包含多个小节。第二，书中涉及大量和历史年代有关的问题，由于各种史料的记载不一，或者年代久远，无从考证，我们最终以权威出版物中的记录为准。第三，由于三位编者对于数学的理解和偏重不同，虽然大家已尽力融合，但采用的视角与叙事风格仍难以完全统一。

　　数学世界之大之美，绝不是一本篇幅短小的数学科普书所能概括的，而对数学真谛的领悟则需要长期艰苦的数学学习与实践的历练。编者只是在尽可能避免教学形态上的那些令人恐惧的数学推导和公式的前提下，以浅显易懂的文字，让读者在较轻松的氛围中领略数学的风采。虽非全貌，也未必可窥一斑而知全貌，但多多少少了解一点数学是什么和做什么，未尝不是一件好事！

　　本书的前言、第1章第1~5节、第2章第1~5节、第3章第2~8节、第4章第1~5节由张若军撰写；第2章第8~10节、第3章第1和9节、第5章、第6章、附录1和2由高翔撰写；第1章第6~9节、第2章第6~7节、第4章第6~7节、第7章由范中平撰写；最后由张若军统稿。

　　与一众科普大家和名家相比，编者的学识与文笔有很大的差距，但基于多年的教学实践与科普教育研究，以及参考大量的文献资料，编者也形成了个人对数学科普的某些见解和思考，并通过本书将之尽情释放，与诸位分享、探讨，可谓幸甚至哉。

　　十分感谢人民邮电出版社对本书出版的大力支持，也非常感谢刘朋编辑对本书提出的有益建议。在他的辛勤付出和不断打磨下，本书增色不少，他的专业敬业乐业精神值得我们学习。因为编者水平所限，书中错漏之处在所难免，敬请读者给予谅解并及时指出，以便予以更正。

编　者

2023 年 1 月于青岛

目 录 ▶▶▶

第1章 ⟫⟫⟫
从自然数谈起

1.1　自然数的魔法

在日常生活中，我们和数字结下了不解之缘，无论是日期、时间、电话号码还是金钱的多少、物品的数量、生命的长短，哪一个都少不了和数字打交道。对于今天的学习者来说，在幼儿园阶段，甚至是刚牙牙学语、蹒跚学步时，很多人就在大人们不厌其烦的指导或"威逼利诱"下，扳着手指头开始接触和记忆自然数，学习简单的加减运算。

自然数，从名字上就可以看出它们的出现是自然而然的。当人们计量事物的数量和表示事件的次序时，自然数就诞生了。事实上，在人类文明开始之初，因为土地测量、财产分配、商业贸易等的需要，我们的祖先就尝试使用过很多不同的计数系统，用来记录和计算数字。研究人员发现最早的数字记录形式可以追溯到 3 万年前，相应的物证是一种带有表明数量的标记的伐木棍。

在曾经出现的刻痕计数、结绳计数、筹码计数、算盘计数以及二进制、十进制、十二进制、二十进制、六十进制等众多计数法和进制中，采用阿拉伯数字的"数值+数位"的十进制计数和排序系统备受青睐，今天在世界各地被广泛采用。

阿拉伯数字最早来源于古印度人的发明，后经阿拉伯人传入欧洲，经欧洲人加工固定成为现在通用的样子，不过在传承的过程中被谬传为阿拉伯数字，这也说明了传播者的重要性。阿拉伯数字的基本符号为 1，2，3，…，9 和 0，我们在这里将这 10 个数字称为"基"——代指基本、基础的意思。10 与人们的天然计数工具——手指和脚趾的数量一致，而英文"digit"（意为"数字"）一词的拉丁语词根的意思恰好就是"手指"或"脚趾"。由此可见，人们在很多时候可以打破语言和国界的限制，只要拥有一样的感受就能互通互融，科学知识无国界。

排序这件事可以有多种选择，但是一个简洁精巧的系统总是会受到欢迎的，因其有利于普及推广。在阿拉伯十进制系统中，除了作为"基"的 10 个数值，还需要一个计数单位，这样就有了"进制"的概念。0~9 有专门的符号，从 10 开始就没有专门的符号了。10 的概念是用"数位"表示的，每个"数位"代表 10 的几次方，十进制系统有个位、十位、百位、千位等。

$$1 = 10^0$$
$$10 = 10^1$$
$$100 = 10^2$$
$$1000 = 10^3$$
$$\cdots\cdots$$

若在十进制下，一个数用符号记为 $a_n a_{n-1} \cdots a_1 a_0$，则这表示 $a_n a_{n-1} \cdots a_1 a_0 = a_n \times 10^n + a_{n-1} \times 10^{n-1} + \cdots + a_1 \times 10^1 + a_0 \times 10^0$。

有了"数值+数位"的理念，再大的数字写起来都不费什么力气了，无论什么数字都可以依据 0~9 这 10 个基结合"数位"来表达，你只要把这 10 个数字放到正确的位置上即可。但是特别大的数字和特别小的数字写起来可能会费时间，因此一些更精巧的计数方法（例如阿拉伯数字的科学计数法）就被发明出来了。用这种计数法既可以表示微观世界中一个原子核的半径，也可以表示宏观世界里两颗遥远星球间的距离。

这里顺便提一下罗马数字。对应于阿拉伯数字 1~10，罗马数字的写法是：I，II，III，IV，V，VI，VII，VIII，IX，X。罗马数字的计数原则是选择一些重要的数字（例如 1，5，10，50，100 等）并赋予这些数字相应的符号（例如 50 用 L 表示，100 用 C 表示），其他数字均表示为这些重要数字的加减法组合（例如 58 的写法是 LVIII，266 的写法是 CCLXVI）。

简单粗暴的处理方式和烦琐的表达直接导致的结果就是笨拙、复杂的罗马数字计数系统应用不方便，一旦数字超过 1000，再进行加减运算，整个系统将不堪一击，其表现就是完全瘫痪。可想而知，这样的系统不可能普及，最终被无情淘汰是必然的。而今，我们只能在钟表的表盘、元素周期表、书稿章节和科学分类的序号标记等上面看到罗马数字的身影了。瑞士、德国生产的名表的表盘仍使用罗马数字，而非阿拉伯数字，有人说这是为了彰显复古和厚重风格，表示崇尚传统，但将之看成循规蹈矩、因循守旧或者审美习惯也未尝不可。

尽管今天以 0~9 为基的阿拉伯十进制系统被普遍使用，但是在不同的文化背景和场合下，人们也会选择其他不同基的计数系统。

在过去的几十年中，科学家们发现，除了数字，其他所有的信息（例如语言、图像、声音等）都可以用二进制编码来表示。现代社会处在电子信息时代，毫不夸张地说，二进制的力量改变了整个世界。今天人们使用的电子产品都是基于二进制的，这种系统的产生是因为计算机的数字电路里的每个开关都处于"开"和"关"两种状态之一。现代计算机技术就建立在识别这两种状态的基础上，而二进制也只有 0 和 1 这两个基，很容易用电子元件实现。二进制系统的"数位"有个位、二位、四位、八位等。

$$1 = 2^0$$
$$2 = 2^1$$
$$4 = 2^2$$
$$8 = 2^3$$
$$\cdots\cdots$$

若在二进制下，一个数用符号记为 $a_n a_{n-1} \cdots a_1 a_0$ [这里为了不与十进制数混淆，将之记为 $(a_n a_{n-1} \cdots a_1 a_0)_2$]，那么它与十进制数之间的关系是 $(a_n a_{n-1} \cdots$

$a_1 a_0)_2 = a_n \times 2^n + a_{n-1} \times 2^{n-1} + \cdots + a_1 \times 2^1 + a_0 \times 2^0$。

二进制数字只有 0 和 1,为了表达十进制系统中的一个很小的数,可能需要用很长的一串 0 和 1。例如,十进制中的 89 在二进制中可写成 1011001,即 $(1011001)_2 = 1 \times 2^6 + 0 \times 2^5 + 1 \times 2^4 + 1 \times 2^3 + 0 \times 2^2 + 0 \times 2^1 + 1 \times 2^0 = 89$。

德国哲学家、数学家莱布尼茨是他所处时代最伟大的思想家之一,他在二进制计数法中看到了宇宙创始之初的状态,想象 1 表示上帝,0 表示虚无,上帝从虚无中创造出所有的实物。因此,他在数学系统中用 1 和 0 表示所有的数。莱布尼茨是系统地提出二进制法则的第一人,这为现代电子计算机的发展奠定了基础。他曾根据二进制原理制造了一台真正意义上的计算器,并将其献给他所尊崇的东方大国的康熙皇帝。康熙则将这一发明视为珍宝装在红木盒里藏于深宫,做到了"高束焉,庋藏焉"。

二进制的缺点是它表示的数字往往是极长的一个数字序列,从而占用了太多的计算机内存。为了节约内存,缩短二进制数字的各种方法被提出来了,八进制、十六进制、三十二进制以及六十四进制被逐步引进,计算机技术也得以不断进步。例如,八进制计数法采用 0,1,2,3,4,5,6,7 这 8 个基本符号,十六进制计数法采用 0,1,2,3,4,5,6,7,8,9,A,B,C,D,E,F 这 16 个基本符号。

再往前追溯至公元前 3000 年,古巴比伦人采用过用六十进制表示的数字系统。在六十进制下,一个数用符号记为 $a_n a_{n-1} \cdots a_1 a_0$ [这里为了不与十进制数混淆,将之记为 $(a_n a_{n-1} \cdots a_1 a_0)_{60}$],那么它与十进制数之间的关系是 $(a_n a_{n-1} \cdots a_1 a_0)_{60} = a_n \times 60^n + a_{n-1} \times 60^{n-1} + \cdots + a_1 \times 60^1 + a_0 \times 60^0$。

在今天的时间度量中,1 小时有 60 分钟,1 分钟有 60 秒。另外,一个圆周的度数为 360°。这些都是六十进制在人们的生活中留下的文化印迹。60 能够被 1,2,3,4,5,6,10,12,15,20,30 这 11 个比自身小的整数整除,因此六十进制在处理数量分配问题时具有明显的优势。

纵观各种进制,十进制是那么自然和易于接受。在计数时,人类的大脑可以本能地用十进制进行必要的思考,而对于其他进制,这种本能就消失殆尽,所以数学工作者又发展出了对各种进制进行相互转化的方法。

　　1971 年，尼加拉瓜发行了一套名为"改变世界面貌的十个数学公式"的邮票。这十个数学公式是由一些著名的数学家联袂选出的，其中位列第一的是与手指计数基本法则有关的"1+1=2"。这个在今天的幼儿园里的小孩子看来再简单不过的数学式子是人类最初认识数量关系的基本公式，而正是从手指计数开始逐渐形成了进制系统。

"改变世界面貌的十个数学公式"之手指计数基本法则

　　进制是有意为之的发明。当这项发明出现以后，人们发现了随之而来的规律，这些规律不以你我的意志为转移，而又强有力地为我们的生产生活和科学研究提供了简单易懂、严谨有序的表述数字的方式。自然数的进制魔法带来的财富，无疑受到了全世界人们的重用和偏爱。

1.2　奇特的墓志铭

　　说起丢番图，想必一些年少时读过《十万个为什么》（数学卷）的读者，对这个名字并不陌生，对他奇特的墓志铭也耳熟能详。这一节让我们再次回顾这位古希腊数学家的一生以及他给数学带来的影响。

　　丢番图是古希腊亚历山大后期的数学家，生活在埃及，因代数学研究而闻名，以代数学的鼻祖著称。因为年代太久远，关于他的生卒，没有确切时间，约公元 246—330 年的说法已无从考证，应该是按照他的墓志铭中的年龄以及他的

丢番图及其著作《算术》

数学研究成果出现的时代来推算的。

尽管对于丢番图的生平经历，人们知之甚少，但在公元 500 年前后出现的一本《希腊诗文选》中收录了丢番图的墓志铭：

过路人，这里埋葬着丢番图。多么令人惊讶，碑文忠实地记录了他所经历的人生。上帝给予的童年占六分之一。又过十二分之一，两颊长胡须。再过七分之一，点燃起结婚的蜡烛。五年之后，天赐贵子。可怜迟到的宝贝儿，享年仅及其父之半，便进入冰冷的坟墓。悲伤只有用数论的研究去弥补。又过四年，他也走完了人生的旅途。请问他活了多少年才与死神见面？

墓志铭的中文译者看来还是有些中国诗歌功底的，因为译文读起来很押韵。这篇墓志铭显然是一个典型的一元一次方程问题，有一点初中数学基础的人都可以轻而易举地进行解答。设丢番图活了 x 岁，列出下列方程：

$$x-\frac{1}{6}x-\frac{1}{12}x-\frac{1}{7}x-5-\frac{1}{2}x-4=0$$

解得 $x=84$。

如果非用小学生学到的数学知识来求解，则采用分式解法，这个问题转化为考虑 9 年（结婚到孩子出生有 5 年时间，儿子离世到他也去世有 4 年时间）占据丢番图一生的几分之几。当然是 $1-\left(\frac{1}{6}+\frac{1}{12}+\frac{1}{7}+\frac{1}{2}\right)$，故有

$$9 \div \left[1 - \left(\frac{1}{6} + \frac{1}{12} + \frac{1}{7} + \frac{1}{2} \right) \right] = 84$$

在那个医学远不发达的遥远时代，丢番图确实算长寿之人，这难道和他热爱数学、专注于代数学研究有关？

丢番图写过三部著作，即《算术》《论多边形数》（或译为《多角数》，仅存一些残篇）和《行论》（已遗失）。其中，《算术》原有 13 卷，15 世纪发现的希腊文本仅有 6 卷，1973 年在伊朗境内发现的阿拉伯文本为 6 卷，现存 10 卷，共有 290 个问题，分 50 余类。它是丢番图最具创造性和影响力的伟大著作，有多种版本和评注。《算术》主要讨论一次方程、二次方程以及少量的三次方程，还有大量的不定方程。现在对于具有整数系数的不定方程，如果只考虑其整数解，则称之为丢番图方程，这属于数论的一个重要分支。丢番图当时主要讨论不定方程在有理数范围内的正根，因为他认为负根是不合理的。他解方程的方法大都比较巧妙，但是解一题用一法，甚至性质相近的方程的解法也不同，所以后人评价丢番图给人的困惑大于惊喜。

换一个角度来看，《算术》研究的问题也可归入代数学的范畴。代数学区别于其他学科的最大特点是引入未知数，并对未知数加以运算。就引入未知数，创设未知数的符号，建立方程的思想（虽然还不是现代的形式）并加以举例论述来说，《算术》完全可以算得上代数学领域的开山之作。

古希腊的代数学著作是用纯文字写成的，还没有采用符号系统。丢番图的一个重要贡献是在代数学中创造了一套缩写符号——一种"简化代数"，这是介于修辞学与完全的符号代数学之间的一种过渡性的代数符号体系，它使代数学的思路和书写更加有效和紧凑。例如：

丢番图的符号	s	Δ^Y	K^Y	$\Delta^Y\Delta$	ΔK^Y	$K^Y K$
现在通用的符号	x	x^2	x^3	x^4	x^5	x^6

符号的出现可是一件大事，对数学的发展起着举足轻重的作用。数学的定义中曾有一种"符号说"——认为数学是一种高级语言，是符号的世界。德国大

数学家希尔伯特曾说"算术符号是文字化的图形，而几何图形则是图像化的公式，没有一个数学家能缺少这些图像化的公式"。

符号对于每一个学习过数学的人来说都不陌生，符号代表一种速写方式。符号使得数学具备了抽象与简洁的特征，尽管人们无法对每个数学符号的产生进行确切的历史考证，但是一些重要的符号仍然在数学史上留下了深深的足迹。

公元3世纪之前，关于代数问题的解还没有缩写和符号，而是写成一篇论文，称之为文字叙述代数。此时，让我们试想一下，一本没有数学符号的数学教材会是什么样子呢？一个洋洋洒洒的大部头，缺乏小说中的那些引人入胜的情节，估计会让人读得昏昏欲睡吧。丢番图也许意识到了这种表达方式的缺陷，他对某些较常出现的量和运算采用了缩写的方式，开创了简化代数的新时代。

今日的数学符号，是早期人们使用的符号经过长期实践后保留下来的。如果我们的祖先很早就开始使用这样的符号，数学的发展很可能会更快，也许学习数学的人会更多，许多数学著作及方法也不至于失传。在这个意义上，丢番图的符号与简化思想是如此超前。

大家都知道，中学数学分为代数学与几何学两部分。古希腊时代，数学最初就是几何学，欧几里得的几何学深入人心，稳坐数学王者的宝座。当时的人们认为只有经过几何论证的命题才是可靠的。为了逻辑的严密性，代数学也披上了几何学的外衣，一切代数问题，甚至简单的一次方程的求解都被纳入了几何学的模式之中。此时丢番图横空出世，他认为代数方法比几何演绎更适合解决问题，从而把代数学解放出来，摆脱了几何学的羁绊，使代数学成为希腊数学中独立发展的一个分支。他在解题的过程中展现出了高度的技巧和独创性，使得《算术》被认为是一部可以和《几何原本》相媲美的、具有划时代意义的杰作。关于欧几里得及他的旷世巨作《几何原本》，我们将在第3章中进行详细介绍。

《算术》收集了许多有趣的问题，丢番图都给出了出人意料的巧妙解法，下面列举几个（仅给出答案）。

第 1 卷问题 17：试求四个数，使其中每三个数之和分别等于给定的四个数，例如 22，24，27，20。丢番图的答案是 4，7，9，11。

第 3 卷问题 6：试求三个数，使得它们的和等于一个平方数，其中任何两个数之和也等于一个平方数。丢番图的答案是 80，320，41。

第 4 卷问题 10：试求两个数，使得它们的和等于它们的立方和。丢香图的答案是 $\frac{5}{7}$，$\frac{8}{7}$。

第 6 卷问题 1：试求一个毕达哥拉斯三数组（即勾股数组），使得相应直角三角形的斜边减去任何一个直角边都等于一个立方数。丢番图的答案是 40，96，104。

以第 3 卷问题 6 为例，看看如何得到答案，尽管验证是极其容易的事情。

设所求的三个数为 x，y，z，丢番图给出的答案是 $x=80$，$y=320$，$z=41$，则 $x+y+z=441=21^2$，$x+y=400=20^2$，$y+z=361=19^2$，$z+x=121=11^2$，答案正确。但要求出这个答案绝非易事，甚至可以说太难了。

事实上，采用构造法，令

$$\begin{cases} x=24t^2-8t \\ y=36t^4-24t^3-20t^2+8t \\ z=12t^2-4t+1 \end{cases}$$

则有 $x+y=(6t^2-2t)^2$，$y+z=(6t^2-2t-1)^2$，$z+x=(6t-1)^2$，$x+y+z=(6t^2-2t+1)^2$。如此一来，该问题有无穷多组解，即便限制解为正整数。这类问题就是求解不定方程，但我们不要忘记丢番图是不定方程的创始人啊！

尽管丢番图的思想远远超过了同时代的人，但遗憾的是他生不逢时，没有对那个时代产生太大的影响，因为罗马人很快到来了，一股吞噬文明的毁灭性浪潮降临了。公元 3 世纪以后，战乱连年不断，古希腊数学不再辉煌。

古希腊、古罗马的数学随着古老帝国的衰落也快速衰落下去，慢慢被世人遗忘。丢番图的《算术》沉寂了千年以后，直到 16 世纪才被逐渐翻译为拉丁文。

其中，1621 年巴切特翻译出版的拉丁文译本是最有名的一个版本。1637 年，法国"业余数学家之王"费马在家里阅读的就是这个版本。他曾在第 11 卷第 8 个问题（这个问题给出了求 $x^2+y^2=z^2$ 的所有正整数解的方法）旁边的页边空白处写下一段注释："将一个立方数分成两个立方数之和，或者将一个四次幂分成两个四次幂之和，或者一般地，将一个高于二次的幂分成两个同次幂之和，这是不可能的。关于此，我确信已经发现了一种奇妙的证法，可惜这里空白的地方太小，写不下。"这段批注的意思是说方程 $x^n+y^n=z^n$ 在 $n>2$ 时无正整数解，这就是著名的费马猜想，也常称为费马大定理或费马最后定理。对于该问题的研究产生了 19 世纪的数论。有趣的是，费马直到他 28 年后离世也没有发表他的奇妙证法。1667 年，费马的儿子在翻阅父亲遗留的书本时发现了这个批注并将之公之于世。1670 年，《算术》一书在法国再版，费马的批注被收录其中。

无论如何，从现存的文献中足以看出丢番图的杰出，他或许是数论领域中第一个真正的天才，他的《算术》对欧洲的数论产生了极其深远的影响。

1.3 数论的灵符

不定方程是数论中最古老的分支之一，是指解的范围为整数、正整数、有理数或代数整数的方程或方程组，其未知数的个数通常多于方程的个数。

不定方程有时也被称为丢番图方程。上一节已经提及古希腊的丢番图曾对这类方程进行研究，因此以他的名字进行命名也就不足为奇了。丢番图的《算术》中包含了许多关于不定方程组（变量的个数大于方程的个数）或不定方程式（两个及以上的变量）的问题。丢番图只考虑正有理数解，而不定方程通常有无穷多个解。

除了费马大定理中的不定方程，涉及丢番图方程的著名例子还有贝祖等式、勾股定理的整数解、四平方和定理等。

贝祖等式是指对于任意两个整数 a 和 b，设 d 是它们的最大公约数，那么关于未知数 x 和 y 的线性丢番图方程（称为贝祖等式）$ax+by=m$ 有整数解 (x,y)，当

且仅当 m 是 d 的倍数时。贝祖等式有解时必然有无穷多个解。

勾股定理 $x^2+y^2=z^2$（也称毕达哥拉斯方程）的正整数解可以表示为如下形式：$x=2pq$，$y=p^2-q^2$，$z=p^2+q^2$，其中 p 和 q 互素，$p>q>0$ 且二者不同时为奇数。

四平方和定理是由瑞士数学家欧拉提出的，该定理指出每个正整数均可表示为 4 个整数的平方和。

研究不定方程要解决三个问题：一是判断何时有解，二是有解时确定解的个数，三是求出所有的解。中国是研究不定方程最早的国家，公元 1 世纪成书的《九章算术》第八章中的第十三题"五家共井问题"就是一个例子，比丢番图方程还早 300 多年。这个问题是："今有五家共井，甲二绠不足如乙一绠，乙三绠不足如丙一绠，丙四绠不足如丁一绠，丁五绠不足如戊一绠，戊六绠不足如甲一绠，各得所不足一绠，皆逮，问井深绠长几何？"这段话的意思翻译过来就是：五家共用一口水井，井深比 2 条甲家绳长之和还多 1 条乙家绳长，比 3 条乙家绳长之和还多 1 条丙家绳长，比 4 条丙家绳长之和还多 1 条丁家绳长，比 5 条丁家绳长之和还多 1 条戊家绳长，比 6 条戊家绳长之和还多 1 条甲家绳长。如果各家都增加所差的另一条取水绳索，刚好取水。试问井深、取水绳长各为多少？

我们很自然地想到列方程解决该题，可设井深为 x，甲、乙、丙、丁、戊各家的取水绳长分别为 a，b，c，d，e。根据 5 组数量关系列 5 个方程：

$$\begin{cases} 2a+b=x \\ 3b+c=x \\ 4c+d=x \\ 5d+e=x \\ 6e+a=x \end{cases}$$

由于未知数的个数多于方程的个数，可以得到无数组解，但常识告诉我们，井深 x 一般在 50 寸到 1000 寸之间，而且 a，b，c，d，e 均为正整数，故方程组有有限组解。据此产生如下算法：将 x 看成"已知数"，将可能的 x 值（50 和 1000 之间的正整数）代入方程进行试验，若 a，b，c，d，e 均为正整数，则这组数为方程组的解。因此，只需判断其中一个未知数为正整数，即可确定其他未知数均为正整数。这里取 a 为待检变量，故需找到 x 与 a 之间的关系，将方程化简为 $265x = 721a$。

继《九章算术》之后，成书于公元 5 世纪的数学著作《张丘建算经》中的百鸡问题是一个影响至今的不定方程问题。该问题叙述如下："今有鸡翁一，值钱五；鸡母一，值钱三；鸡雏三，值钱一。凡百钱，买鸡百只，问鸡翁、母、雏各几何？"

设 x，y，z 分别代表鸡翁、鸡母、鸡雏的个数，则此问题即为求不定方程组的非负整数解 x，y，z，这是一个三元不定方程组求解问题。原书中给出的三组正确答案为（4，18，78），（8，11，81），（12，4，84），开创了中国数学一问多答之先河。原书中没有具体解法，只说"术曰：鸡翁每增四，鸡母每减七，鸡雏每益三，即得"，翻译过来就是"解法是：若少买七只母鸡，就可以多买四只公鸡和三只小鸡"。这一解法简称百鸡术。因此，只要求出一组答案，就可以推出其余两组答案。

百鸡问题还有多种表述形式，如百僧吃百馒头、百钱买百禽等，大同小异。关于百鸡问题的解答标志着中国对不定方程理论有着系统的研究。南宋数学家秦九韶发明的大衍求一术将不定方程与同余理论联系起来。清代数学家骆腾凤用大衍求一术求解百鸡问题的过程如下：对不等方程组 $\begin{cases} x+y+z = 100 \\ 5x+3y+\dfrac{1}{3}z = 100 \end{cases}$ 进行加减消元，化简后得到二元一次不定方程 $7x+4y = 100$。该方程等价于下述的一次同余方程组：$\begin{cases} 4y \equiv 2 \pmod 7 \\ 4y \equiv 0 \pmod 4 \end{cases}$。这里的符号"$\equiv$"表示同余，同余的概念很简单：给定一个正整数 m，如果两个整数 a 和 b 满足 $a-b$ 能够被 m 整除，则称整数 a 和 b 对模 m 同余，记作 $a \equiv b \pmod m$。

利用大衍求一术，可求出特解 $y_0 = 4$，进而得到 $x_0 = 12$，$z_0 = 84$。用百鸡术中给出的增减率，可得到全部的整数解：

$$\begin{cases} x = x_0 + 4t \\ y = y_0 - 7t\,(t\ \text{为整数}) \\ z = z_0 + 3t \end{cases}$$

再根据问题的实际意义，最终得到百鸡问题中合理的三组解（4，18，78），（8，11，81）及（12，4，84）。

前一节已说过，丢番图在《算术》一书中给出了求著名的不定方程 $x^2 + y^2 = z^2$ 的所有正整数解的方法，费马在阅读这部分内容时写下了那个十分著名的边注，引出了举世瞩目的费马猜想。后人猜测费马当时的想法并不成熟，否则也不会令后世一流的数学家为将费马猜想最终变成费马大定理奋斗了 358 年。

费马大定理

虽然费马大定理的证明难乎其难，但是费马写下的那段话十分有名。纽约的一座地铁站的墙上有一段涂鸦："$x^n + y^n = z^n$ 没有解，对此我已经发现了一种真正美妙的证明，可惜我没有时间写下来，因为我的地铁正在开过来。"这一调侃也说明了费马大定理在民众中的普及程度。2011 年，Google 竟然也在公司的标识上写道："我发现了一个关于这条定理的美妙证法，可惜这里的空间太小，写不下。"这为的是纪念费马诞辰 410 周年。

费马猜想自出现以来在很长的时间里一直是个悬念。18 世纪最伟大的数学家欧拉证明了 $n = 3$，4 时该猜想成立。后来，还有人证明当 $n < 105$ 时该猜想成立。英国数学家安德鲁·怀尔斯花费了多年时间专注于费马大定理的研究，终于

在 1995 年用 100 多页的论文给出了证明。当时英国报纸曾提到关于怀尔斯的研究内容的预印本长达 100 多页，全世界能完全弄懂证明细节的数学家不超过 6 人。异常艰苦的智力劳动使怀尔斯取得了 20 世纪的一项伟大的数学成就，并因此名垂数学史。

在证明费马大定理的过程中，大量的数学方法、数学理论被发现，全新的数学思想被提出。关键是其中任何一项成就都比不定方程有没有解这个问题本身重要得多。

德国大数学家希尔伯特说费马大定理是一只"会下金蛋的鸡"。据说曾有人问希尔伯特为什么不去证明费马大定理，这位大数学家的回答是"我可不想杀了这只会下金蛋的鸡"。由此可见费马的"无用之学"（在很长的一段历史时间里，有人认为数论是无用之学）对数学的深刻影响。或许希尔伯特也没有足够的能力证明这条定理，或许这真是为数不多的对整个数学的发展起巨大推动作用的好问题之一，正如爱因斯坦所认为的"提出一个问题往往比解决问题更重要"！

对费马大定理的研究产生了 19 世纪的数论，高斯于 1801 年出版的著作《算术研究》奠定了近代数论的基础。这部著作不仅是数论方面的划时代之作，也是数学史上不可多得的经典著作之一。此后，数论作为现代数学的一个重要分支得到了系统的发展。

数论还有诸多分支，而数论的古典内容基本上不借助其他数学分支的方法，被称为初等数论。17 世纪中叶以后，曾受数论影响而发展起来的代数学、几何学、分析学、概率论等数学分支又反过来促进了数论的发展，出现了代数数论（研究整系数多项式的根——代数数）和几何数论（研究直线坐标系中坐标均为整数的全部"整点"——空间格网）。19 世纪后半叶出现了解析数论（用分析方法研究素数的分布）。20 世纪出现了完备的数论理论，中国数学家华罗庚、陈景润等在解析数论方面都做出过突出的贡献。

$x^n + y^n = z^n$ 仅仅是一个不定方程，如果我们能够破解更多不定方程中隐藏的秘密，那岂不是将有更多代数的冰山浮出水面？美国数学家约翰·德比希在他的著作《代数学的历史：人类对未知量的不舍追踪》里说："现在，代数学已经成为所有智力学科中最纯净、最苛刻的学科……但最令人惊讶、最神秘的是在这些非物质的精神对象层层嵌套的抽象之中，包含着物质世界最深层、最本质的秘密。"

在 1900 年的第二届国际数学家大会上，希尔伯特提出了著名的 23 个数学问题，其中丢番图方程可解性的判别赫然在列。这个问题是：能否用一种由有限步构成的一般算法判断一个丢番图方程的可解性？1970 年，苏联的一位数学家证明了这样的算法不存在。

1.4　业余数学家之王

1601 年 8 月 17 日，皮埃尔·德·费马出生于法国西南部城市图卢兹附近的小镇博蒙·德洛马涅。作为富有的皮革商的儿子，费马从小衣食无忧，生活在富裕舒适的环境中，但父母并不宠溺他，父亲还专门给他请了两个家庭教师。因此，他不用去学校，在家里就可以接受良好的系统教育，并培养了广泛的兴趣和爱好。年少时的费马虽称不上神童，但也聪明勤奋，门门功课都不差。不过，他最喜爱的是数学。

费　马

费马在 14 岁时才正式进入中学读书。1617 年毕业后，他遵照父亲的愿望选择读法律专业，并且自己也喜欢。这真是两全其美的事情。在当时的法国，律师是令人艳羡的"高大上"职业，费马先后在奥尔良大学和图卢兹大学学习法律。

17 世纪的法国有着卖官鬻爵的风气，这既迎合了富有者获得官位而提高社会地位的愿望，又增加了政府的财政收入。费马作为典型的中产阶级家庭的孩子，也未能免俗。他尚未大学毕业，便在家乡买好了律师和参议员的职位。1631 年费马毕业返乡后，很容易就有了一份律师工作，还成了图卢兹议会的参议员。

费马从步入社会直至去世，虽无突出政绩值得称道，但他在仕途上不断升迁，可谓一帆风顺。

尽管费马花钱买职位这件事不太光彩，但大环境如此，好在费马一生从不滥用职权，他的公正廉明赢得了人们的信任和称赞。在这一点上，除了家教，数学研究对他的影响也许不容忽视，因为数学具有一种文化品格，那就是数学训练对人的一生潜在地起着根本性的影响，其中包括规则意识、严谨的思维和认真的态度。

费马很有语言天赋，除母语外，还精通拉丁语等 5 门语言。他用多种语言写作的诗歌广受赞誉，同时他也热衷于希腊文本的校订。虽然白天的司法工作异常繁忙，但夜晚和假日几乎全被他用来学习语言和研究数学了，而对数学的酷爱和孜孜以求使得他在解析几何、微积分、概率论、数论、物理学等领域都做出了卓越的贡献。

费马是解析几何的发明人之一。在笛卡儿的几何学研究成果发表（1637 年）之前，他就发现了解析几何的基本原理，建立了坐标法。他利用代数方法对古希腊阿波罗尼奥斯的《圆锥曲线论》进行了整理和总结，对曲线做了一般研究。他于 1630 年用拉丁文撰写了仅有 8 页的论文《平面与立体轨迹引论》，指出由两个未知量决定的一个方程式对应着一条轨迹，可以描绘出一条直线或曲线。费马还对一般直线和圆的方程以及双曲线、椭圆、抛物线进行了讨论。笛卡儿是从一条轨迹来寻找它的方程的，而费马则是从方程出发来研究轨迹的，这正是解析几何的基本原则相对的两个方面。

17 世纪，继解析几何之后，微积分成为变量数学最重要的里程碑。众所周知，牛顿和莱布尼茨是微积分的创立者，但在他们之前有许多先驱为微积分大厦的落成做了大量的探索工作，费马是其中有重大贡献的一位。曲线的切线问题和函数的极值问题均为微积分的起源。费马于 1637 年出版的著作《求最大值和最小值的方法》引入了无穷小量，给出了求函数极值和曲线切线的方法，这是微分学的内容。他还发现了一种求平面和固体重心的方法，这是积分学的内容。高等数学教科书会介绍这些知识，今天的理工科大学生们对此并不陌生。

我们知道，概率论起源于数学家对并不光彩的赌博问题的研究。中世纪的欧洲流行用骰子赌博，15 世纪和 16 世纪的意大利数学家帕乔利、丰塔纳和卡尔达诺的著作曾探讨过许多概率问题，著名的"分赌金问题"曾引起热烈讨论。1654 年左右，费马与帕斯卡在一系列通信中讨论类似的合理分配赌金的问题，并用组合的方法进行解答。他们的通信引起了荷兰数学家惠更斯的兴趣。惠更斯于 1657 年出版了概率论的奠基之作《论赌博中的计算》，该书在欧洲曾长期作为教科书。这些数学家的著述中出现了一批概率论概念（如事件、概率、数学期望等）与定理（如概率加法、乘法定理），标志着概率论的诞生。

在光学方面，费马突出的贡献是提出了最小作用原理。该原理也称为费马最短时间原理，它指出光沿所需时间最短的路径行进。早在古希腊时期，欧几里得就提出了光的直线传播定律和反射定律，后来海伦揭示了这两条定律的实质——光沿最短路径传播。随着时间推移，这条定律逐渐被扩展成自然法则，进而成为一种哲学观念。费马将这一哲学观念转化为科学理论。他还讨论了光在逐点变化的介质中行进时，其路径取极小的曲线的情形，并用最小作用原理解释了一些现象。这给数学家很大的启发，特别是欧拉通过变分法用这条原理求泛函（函数的函数）的极值，为拉格朗日的力学研究提供了合适的数学工具，给出了最小作用原理的具体形式。

在数学的诸多分支中，最令费马倾心的当数数论，他如某些孩童对待游戏般痴迷于数论研究。他研究过完美数、亲和数、佩尔方程，以及后来以他的名字命名的费马数和费马素数。在研究完美数时，他发现了费马小定理（1640 年），即 $a^p - a \equiv 0 \ (\mathrm{mod}\, p)$，其中 p 是一个素数，a 是正整数。

费马在数论领域中取得的成果巨大，他超人的直觉对 17 世纪数论的发展影响深远，可以说他以一己之力撑起了 17 世纪的数论天地。他提出了数论中的许多猜想，因此也被称为"猜想数学家"。这些猜想，包括著名的费马大定理，经诸多数学大师的苦思冥想，最终均获证明。费马大定理使得费马名扬天下，并促进了代数数论这一学科的诞生。

费马的工作标志着近代意义上数论研究的开始，但是与现实没有任何关系的数学缺乏发展的外部推力。高斯这样评论道："我承认我对费马的定理没什么兴趣，这是个孤立的命题。像这样既没人能证明也不能证伪的命题，我随手就能写一大串。"高斯是站在数学山巅的巨人，一览众山小。好在二者相差近 200 岁，这样有点轻慢的语言也无所谓，造不成什么伤害。的确，费马大定理以及别的丢番图方程可解或者不可解问题，就那个时代而言，对其他数学分支貌似也产生不了太大的影响。

宇宙大爆炸理论的提出者乔治·伽莫夫在 1961 年出版的科普名著《从一到无穷大》的第二章"自然数和人工数"里有一段这样的叙述："迄今为止，数学还有一个大分支没找到什么用途（除了起智力体操的作用以外），它真可以戴上'纯粹之王冠'。这就是所谓的'数论'（这里的数指整数），它是最古老的一个数学分支，也是纯粹数学思维最错综复杂的产物。"

殊不知，20 世纪 60 年代以来，随着数字通信技术的迅猛发展，信息安全问题受到了极大的重视。70 年代出现的 RSA 公匙方案是迄今为止应用最广、保密性最强的加密解密方法，其数学原理就依赖数论，其中最主要的是费马小定理。时至今日，人们对数论的认识已然发生了天翻地覆的变化，数论的影响超越"算术游戏""智力体操"，成为现代数学赖以存在的基础。这需要感谢费马几百年前的兴趣使然。

1665 年 1 月 12 日，费马病逝。他一生谦和内向，好静成癖，无意构制鸿篇巨制，更无意付梓刊印。他的研究成果是其长子兼科研助手萨摩尔从他写在一些书上的批注、与朋友往来的书信以及残留的旧纸堆中整理、汇集而出版的，因此写作年月大多不详。费马在生前没有完整的著作出版，因而当时除少数几位密友外，他的名字鲜为人知。19 世纪中叶，随着数论的发展，费马的著作才引起数学家和数学史学家的研究兴趣。随后，他的名字在欧洲不胫而走。值得一提的是，人们早就认识到时效性对于科学的重要意义，而费马的数学研究成果未能及时发表、传播和发展，这既是他个人的名誉损失，也影响了那个时代数学发展的步伐。

费马从未受过专门的数学教育，数学研究只是他的业余爱好。然而，在 17

世纪的法国还找不到哪位数学家可以与之匹敌。这位业余数学家的能力和成果比大多数专业数学家还要显著，"业余数学家之王"的桂冠对他来说实至名归。

万世师表的孔老夫子早就说过"知之者不如好之者，好之者不如乐之者"。费马对数论的痴迷、对数学研究的热爱没有任何功利之心，他乐在其中，陶醉在其中。这多少让今天生活在冗杂浮躁时代的我们从心底羡慕那种难能可贵的纯粹。

1.5　数学王子

1777 年 4 月 30 日，约翰·卡尔·弗里德里希·高斯出生于德国北部城市不伦瑞克的一个贫穷的工匠家庭，他自小就表现出非凡的才能。他家上溯几代都是农工阶层，没有良好的教育背景，子孙后代中出了这样一位天赋异禀的神童，算得上是个异数。

高　斯

据说歌德在 6 岁时编写了木偶戏的剧本，莫扎特在 5 岁时创作了第一首钢琴曲，那么高斯呢？在他 3 岁时，父亲在一家砖瓦厂任督工，有一次给工人发薪。小高斯站起来说："爸爸，你算错了。"众人目瞪口呆，重算的结果证实他是对的。高斯晚年曾打趣说自己在说话以前已经会算术。

大家耳熟能详的故事是 9 岁的小学生高斯计算从 1 加到 100 的和。虽然这个故事有大同小异的各种版本，但大意是说在其他小朋友汗流浃背地忙着运算时，高斯早就得到了 5050 这个答案。他给老师的解释是：$1+100=101$，$2+99=101$，…，$50+51=101$，所以从 1 加到 100 等于 50 个 101 相加，答案便是 5050。多么清晰简洁的算法！

在对天才儿童的教育上，高斯的父亲既无钱也无意培养他。然而高斯在 11 岁时便能导出二项式定理的一般展开式，并且对无穷级数的展开很熟稔，于是神童的名号传遍不伦瑞克。幸运的是当地的一位公爵欣赏他并愿意出资供他读书，负责他以后的教育。

1792—1795 年，高斯被送到德国当时的最佳学府之一——卡罗林学院学习。在卡罗林学院学习期间，高斯读了许多古典文学名著，培养了良好的文学素养。他也研读了牛顿、欧拉和拉格朗日等人的数学著作。作为一个骨子里酷爱数字游戏的少年，高斯在 1792—1793 年研究了素数分布，他对整数以千为等级进行划分，找出其间所含的素数个数。古希腊的埃拉托色尼得到的结论是整数 p 所含的素数不大于 $\sqrt{p}$，由筛选法可求得素数个数。而高斯则由观察得出素数个数的增加率 $D(n) = \pi(n) - \pi(n-1000)$［这里的 $\pi(n)$ 表示 2 和 n 之间的素数的个数，$n \geqslant 1000$）与 $\dfrac{1}{\ln n}$ 成正比。高斯也想过 $\pi(n) \sim \dfrac{n}{\ln n}$ 的情形（这里的 $\ln n$ 是 n 的自然对数，$\sim$ 表示当 n 趋近无穷大时，$\pi(n)$ 与 $\dfrac{n}{\ln n}$ 的比趋近 1），即素数定理，但并未发表。该定理经过许多数学家的努力在 100 多年后才得以证明。除此之外，他发现了算术几何平均与幂级数的联系，还发现了使观测数据的固有误差为极小值的最小二乘法，并提出了概率论中的正态分布律。

1795 年，高斯入读学术自由、馆藏丰富的哥廷根大学，学习数学。和现在的很多大学生一样，他一度对前途感到迷惘。为了将来容易找工作，高斯曾想改读语言专业。然而，他在 19 岁时发现用尺规可以作出正十七边形，这一惊奇的几何发现使他决心终生从事数学研究并以此为乐趣。

尺规作图是古希腊人推崇的训练理性思维的方法，我们在第 3 章的 3.4 节中还要进行详细的阐述。古希腊人已经知道可以用尺规作出等边三角形、正四边形、正五边形和正十五边形，以及通过平分角的方法再由这些正多边形作出其他的正多边形，但只能作这些。还有哪些正多边形可以用尺规作出，哪些作不出呢？不得而知。沉寂了 2000 多年后，高斯解决了这个问题。1801 年，他证明了对于奇数 n，当且仅当 n 为费马素数（$P_k = 2^{2^k} + 1$）或若干个不等的费马素数的乘积时，可用尺规作出正 n 边形。当 $k = 0，1，2，3$ 时，$P_k = 3，5，17，257$，是素数，所以这些边数的正多边形是可以用尺规作出的。

对于用尺规作出正十七边形这一结果，高斯很得意。高斯想模仿阿基米德将自己中意的"圆柱容球"刻在墓碑上，他对鲍耶说以后自己的墓碑上就刻上正十七边形。鲍耶是匈牙利人，在哥廷根大学主修哲学，对基础数学感兴趣，是高斯在大学时代欢乐与共、坦诚相见的挚友。后面，我们还要介绍鲍耶的儿子小鲍耶与高斯之间的故事。

在哥廷根大学读书的青葱岁月里，高斯才思泉涌，数学成果不断涌现。1795年，他发现了经典数论中最重要的定理之一——二次互反律。很有意思的是，当时高斯还不知道欧拉未加证明地提出了这条定理的并不完善的叙述，勒让德提出了正确的叙述和不正确的证明。二次互反律是高斯的经典名著《算术研究》的核心和基石，高斯私下里将之视为算术理论中的黄金定律。这部巨著在 1798 年完稿，但直到 1801 年才出版。除了提及一点早期数学家的零散成果外，这部著作的内容完全是创新性的。这部著作被认为是近世代数的真正开端，开启了数论研究的全新时代，正如牛顿的《自然哲学的数学原理》对物理学和天文学所起到的作用一样。在该书的开始，为了研究可除性问题，高斯提出了同余的方法，并对算术基本定理给出了第一个证明。这条定理亦称唯一因子分解定理，其内容是：每个整数 $n(n>1)$ 可以唯一地表示为素数因子的乘积。这本书的核心内容是同余理论、二次型理论和分圆理论。

《算术研究》这部数学史上为数不多的经典著作之一是纯粹数学的一场盛宴。特别地，高斯在这部著作里还展示了现代学者研究数学的严格方法和严谨态度。高斯希望用尽量少的文字表达尽量多的思想，因此他的著作中隐藏的内容几乎同他发表的一样多。那种简明扼要、严密而又不讲来龙去脉的文风完全符合他一贯奉行的"少些，但要成熟"的信条，这就使得人们想读懂他取得那些伟大成果的思路几乎不可能。难以阅读自然也使他的思想难以传播。19 世纪的挪威数学家阿贝尔曾批评说"他像一只狐狸，走过沙滩，用大尾巴抹平了自己在沙地上留下的脚印"，高斯则反驳说但凡有自尊心的建筑师在楼房完工后都不会把脚手架留在那儿。

1798 年，高斯转入黑尔姆施泰特大学，翌年因证明代数基本定理获得博士学位，他的博士论文是数学史上的又一座里程碑。在达朗贝尔、欧拉、拉格朗日、拉普拉斯等数学家毫无进展的尝试后，高斯终于第一次给出了代数学基本定理的令人满意的证明。该定理指出：任何实系数或复系数的多项式方程存在实根或复根。高斯成功地开创了进行存在性证明的新时代。此后，这种证明方法在纯粹数学中发挥了重要的作用。

除了纯粹数学，高斯在应用数学领域也一样成就斐然。1801 年，天文学家在火星轨道和木星轨道之间发现了一颗微渺的矮行星，但不久它就消失在太阳附近的光亮中，人们将它命名为谷神星。当时需要根据少量的观测数据来计算出足够精确的轨道，以便重新确定谷神星远离太阳时的位置。欧洲的天文学家花费了好几个月的时间，但毫无进展。高斯被这个问题吸引了，他以自己发明的最小二乘法和他那无与伦比的计算能力锁定了谷神星的运行轨道，并且预测了它再次出现的时间。天文学家按照高斯的指引，果真用望远镜找到了这颗神秘莫测的矮行星！这一成就再一次给高斯带来巨大的声誉，他被众多科学院和学术团体选为成员。1807 年，他被任命为天文学教授和哥廷根新天文台的首任台长。

谷神星

在 19 世纪的头 20 年里，高斯撰写了一些天文学著作，其中《天体运动理论》是最重要的一部。在此后的 100 多年里，此书成为行星天文学上的一本"圣经"，书中处理摄动的方法是发现海王星的法宝，海王星也被现代人称为"笔尖上的发现"。

1820 年左右，高斯应汉诺威政府的邀请主持大地测量工作。这是一项十分繁杂的事务，包括风餐露宿的野外工作和单调乏味的三角测量工作。这些艰辛枯燥的工作占用了他好多年的时间，而也正是这些艰辛枯燥的工作使得高斯在纯粹数学领域做出了最深刻且最有影响的贡献之一。

大地测量工作的目的是要准确测量地球表面的大三角形，高斯于 1827 年出版的著作《曲面的一般理论研究》就源于此。在该书中，为了解决大地测量问题，高斯利用微分和积分作为工具来分析曲面，开辟了数学的一个新领域——微分几何学，在数学史上第一个建立了某一点的曲率（表示弯曲程度）以及曲面上的坐标系等概念，使测地线（曲面上从一点到另一点的最短路线）的确定成为可能。该书中介绍的主要成果是著名的高斯绝妙定理和高斯-博内定理。前一定理指出高斯曲率是曲面的内蕴不变量，即曲面无挤压变形后，每一点的高斯曲率不变。后一定理建立了曲面的图形和拓扑之间的联系，其一般形式是现代大范围微分几何学里的核心事实。陈省身先生在该领域的贡献之一就是发展了高斯-博内公式，给出了著名的高斯-博内-陈公式。高斯见解的突出之处在于"内蕴"二字，因为他指出如何只凭曲面本身进行运算，而不必关心其周围的空间就可以研究曲面。通俗地讲，设想有一个二维空间里的生灵，它居住在一个曲面上，不知道还有第三维以及曲面之外的任何事物。如果这个生灵能在曲面上走动，沿曲面测量距离，确定测地线，那么它也能测算任一点的高斯曲率，创造出关于曲面的内容丰富的几何学。当且仅当曲面的高斯曲率处处为零时，这种几何学才是我们熟悉的欧氏几何。高斯的上述理论由黎曼等人发扬光大，引出了黎曼几何和张量分析，并为爱因斯坦的广义相对论的出现铺平了道路。

19 世纪 30 年代，高斯把复数定义为有序实数对，并且对复数的代数运算给出了合适的定义，将围绕复数的争论平息下来，为 n 维空间的代数学的发展与几何学的发展铺平了道路。他把数论中的思想推广到复数领域，开创了代数数论。他还从事了大量的物理学研究。在所接触的分支中，他都有很多开创性的贡献，例如表面张力理论、势论等。

1855 年 2 月 23 日，高斯在工作后一直居住的哥廷根去世。此后不久，哥廷根的领主、汉诺威君主乔治五世敕令铸造一个直径为 7 厘米的纪念章赠予高斯家族，以表彰他取得的巨大成就。纪念章的边缘用拉丁文镌刻着"汉诺威君主乔治五世向数学家之王致敬"。

虽然成就遍及数学的各个领域，但高斯对待学问极度严谨，一生公开发表的论文只有 155 篇，未发表的成果同样可观。他去世后，人们仔细研究他的笔记和通信中的大量材料，并将其收录在他的全集中，其中包括复变函数、非欧几何、椭圆函数论等诸多重要成果。

"数学王子"高斯在数学界达到的高度是普通人无可企及的，但他对待工作的态度可以借鉴。他任大学教授和天文台台长时，对行政琐事、官僚主义的繁文缛节深恶痛绝，对教书也无甚兴趣，但当他不得不做这些事情时，表现十分出色。杰出的代数学家戴德金在听过高斯讲课 50 年后还评价说这是自己"一生中所听过的最好、最难忘的课"。在其位谋其政，尽其责成其事。我们必须承认，态度成就了高度！

1.6 代数数论之鼻祖

数论早期被称为算术，直到 20 世纪初数学家才开始使用数论这个名称。19 世纪的英国数学家史密斯说："算术是人类知识中最古老，也许是最最古老的一个分支，然而它的一些最深奥的秘密与最平凡的真理是密切相连的。"

代数数论是数论的主要研究方向之一。将整数拓展到代数方程的根，从而得到所谓的"代数整数"。诸多整数问题的解决，如不定方程的求解等，在很大程度上要借助对代数整数的研究。代数数论的主要任务是研究代数整数及与之相关的代数结构，包括代数数域等。

纵观几千年的数学史，大部分数学家的工作都可以看作对前人理论的继承和发展，只有极少数数学家因其研究所具有的深刻性和独创性，能够作为某一数学领域的开创者而被人们铭记。在今天要谈到的代数数论领域中，如果一定要选出一位"鼻祖"的话，最接近这一称号的人应该是库默尔。

库默尔

1810 年 1 月 29 日，埃内斯特·爱德华·库默尔出生于德国索劳，他的父亲是一位医生。时年正值法兰西第一帝国皇帝拿破仑雄霸欧洲，但谁能想到，仅仅 4 年之后，拿破仑进攻俄国失败，而后接连失利，最终不得不投降退位。和当时的许多欧洲人一样，库默尔的人生也深受这位法国皇帝的影响。仓皇逃离俄国的法国败军在经过德国时留下了从莫斯科带回来的斑疹伤寒这一急性传染病。库默尔的父亲在救治病人的过程中因不幸感染而去世，把他和哥哥两兄弟留给了寡妻来照顾，当时库默尔只有 3 岁。

库默尔的母亲是一位勇敢坚强的女性。在失去丈夫的艰难贫困的生活中，她辛勤地工作，独自一个人照顾家庭，并竭力让自己的两个儿子完成了中学学业。库默尔深受母亲的影响，性格单纯乐观，为人直率幽默，做事严谨认真。这造就了库默尔日后的典型老派德国人的作风。同时，源于对父亲的思念以及从小感受到的法国占领军的傲慢与压迫，库默尔在自己的一生中一直都有着无限的爱国热忱。后来为了帮助德国培养军官，他甚至在柏林军事学院担任过弹道学教员，他的许多学生在普法战争中都有不俗的表现。

18 岁时，库默尔进入哈雷大学学习，最开始选修的专业是神学。与解析几何的创始人笛卡儿相似的是，库默尔也是在学习神学的过程中发现了自己在抽象思维方面的才能，进而转修数学的。当时，哈雷大学有一位数学教授舍尔克，他把自己在代数和数论方面的热情传递给了年轻的库默尔。在大学学习结束后，库默尔回到利戈尼茨的一所中学（他的母校）教书。在作为中学数学教师的 10 年里，库默尔和包括雅可比在内的许多杰出的数学家保持通信联系，这也深刻地影响了他的学生、当时还在读大学预科的克罗内克。1842 年，库默尔被推荐为布雷斯劳大学数学教授，然后他开始研究数论。正是在这个领域，库默尔取得了最大的成功。

这一切都要追溯到对费马关于 $x^n+y^n=z^n$ 的断言做出证明。前面已经叙述过 17 世纪的法国数学家费马在学习丢番图的《算术》一书时，在页边空白处写下了今天被称为"费马大定理"的一个命题，即当 $n>2$ 时，不存在非零正整数 x，y 和 z，使方程 $x^n+y^n=z^n$ 成立。18 世纪，$n=3$，4，5 的情形已经由欧拉等人给出了证明。到了 19 世纪，高斯试图证明 $n=7$ 时的情形，但失败并放弃了。他甚至认为此命题"不可能被证明，也不可能被否定"。此后 30 年间，虽有一些结果，如拉梅在加限制条件的情况下解决了 $n=7$ 的问题，狄利克雷证明了 $n=14$ 的论断，但一般情形始终没有被证明。接力棒被交到了库默尔的手中，接下来我们讲一讲他的创造性工作。

先补充一些基本概念。在代数数论中，称 1，2，3，…这样的数为有理整数。任意有理整数 m 显然都是一个一次代数方程 $x-m=0$ 的根。借助一次或更高次代数方程的根，可以把整数的概念推广开来。设 r 是 n 次代数方程 $a_nx^n+a_{n-1}x^{n-1}+\cdots+a_1x+a_0=0$ 的一个根，其中系数 a_i 是有理整数，且 r 不为任意小于 n 次的整系数代数方程的根。若最高次项的系数 $a_n=1$，那么就称 r 为一个 n 次代数整数；若放宽要求到 $a_n\neq0$，则称 r 为一个 n 次代数数。例如，因为 $1+\sqrt{-5}$ 满足方程 $x^2-2x+6=0$，所以 $1+\sqrt{-5}$ 是一个二次代数整数。设 r 是一个 n 次代数数，则称由 r 通过加减乘除构造出来的所有表达式为由 r 生成的代数数域，记为 $F[r]$。可以证明 $F[r]$ 中的每个元素仍为次数不大于 n 的代数数，因此也称这样的 $F[r]$ 为一个 n 次代数数域。

库默尔在思考费马大定理时，把 x^p+y^p 分解成：

$$(x+y)(x+\alpha y)\cdots(x+\alpha^{p-1}y)$$

其中，p 为素数，α 是一个 p 次复单位根。这就是说 $\alpha^p=1$，并且对于正整数 $n<p$，有 $\alpha^n\neq1$。可以证明，α 是 $\alpha^{p-1}+\alpha^{p-2}+\cdots+\alpha+1=0$ 的一个根，且不满足小于 $(p-1)$ 次的整系数代数方程。因此，α 是一个 n 次代数整数，并且由上面的因式分解可知 x^p+y^p 是代数数域 $F[\alpha]$ 中的数的乘积。

高斯考虑过上面由 p 次复单位根生成的代数数域 $F[\alpha]$，称其为 p 次分圆域。

他将素数的概念推广到代数数域 $F[\alpha]$ 中，得到所谓的素代数整数。库默尔在最初的时候曾错误地认为 $F[\alpha]$ 中由素代数整数给出的因子分解如同整数中的素因子分解一样是唯一的，进而给出了费马大定理的有疏漏的证明。狄利克雷向他指出，仅仅对于部分素数的情形，$F[\alpha]$ 中的唯一因子分解才是成立的。我们把这个问题放到更一般的代数数域中进行解释。例如，考虑由 $a+b\sqrt{-5}$ 生成的代数数域，其中 a 和 b 为有理整数。可以看到：

$$6 = 2 \times 3 = \left(1+\sqrt{-5}\right)\left(1-\sqrt{-5}\right)$$

式中的 4 个因子都是素代数整数，此时唯一因子分解是不成立的。

　　库默尔稍后修正了自己的错误，其解决办法是在素代数整数的基础上引入更加细化的因子——理想数。他在 1844 年开始发表的一系列论文中创立了理想数理论。理想数可以看作一个代数数域的基本构件，本身不能再进行真因子分解，而且可以构造代数数域中的其他数。上面的例子考查了 6 在由 $a+b\sqrt{-5}$ 生成的代数数域中的因子分解，可以引入理想数 $\sqrt{2}$，$\left(1+\sqrt{-5}\right)/\sqrt{2}$，$\left(1-\sqrt{-5}\right)/\sqrt{2}$。这样 6 就能唯一地被表示成理想数的乘积，并且通过理想数，此域中其他数的因子分解也是唯一的。这样，库默尔就在相当广泛的一类素数次分圆域上重建了唯一分解定理，进而针对这些素数的情形证明了费马大定理。

　　库默尔的结果在当时是非常了不起的成就，远远超出了前辈们做出的工作。他几乎不由自主地成了当时学界的名人，甚至被法兰西科学院授予了一项他并没有去竞争的大奖。他的后继者、高斯的学生戴德金正是受到库默尔的理想数的启发，提出了理想的概念，并进一步创立了现代代数数论。

　　1855 年，"数学王子"高斯的去世引起了欧洲数学界大范围的变动。狄利克雷接替了老师在哥廷根大学的教授职位，成为了"高斯的继任者"，而库默尔被代数学同事们推举为狄利克雷在柏林大学的继任者。

　　库默尔是科学天才中的佼佼者，他无论是在高度抽象的理论研究领域还是在应用科学方面都非常杰出。虽然库默尔最成功的工作是在数论方面，但他在函数论和几何学方面也做出了许多非常重要的发现。他给出的以自己的名字命名的四次曲面在欧几里得空间的几何学中起了重要作用；他发展了高斯的超几何级数的工作，在今天数学物理中经常出现的微分方程理论中十分有用。他甚至在大气对光的反射这一光学问题的研究中也做出了重要贡献。在柏林军事学院任教期间，库默尔是第一流的弹道学实验者，这与他的数学家身份的反差巨大。对此，他以特有的幽默说道："当我用实验去解决一个问题时，就说明这个问题在数学上是很难解决的。"

库默尔的品格比他的才能更加令人钦佩。他记得自己为了受教育所做的奋斗和他的母亲做出的种种牺牲，因此始终无私地对待自己的学生和朋友。许许多多年轻人在人生旅途中得到过库默尔的帮助。他无偿资助贫穷的年轻数学家，深刻而富有哲理地教导他的学生。他无比热爱和珍惜他所拥有的生活，他的恬静和蔼与豁达幽默甚至让人产生一种错觉：尽管库默尔一生成就辉煌，但他似乎没完成他能够做到的一切。

在人生的最后 9 年里，库默尔完全处于隐居状态，有家人陪伴，偶尔去年少时去过的地方旅行。1893 年 5 月 14 日，库默尔去世，终年 83 岁。

1.7　解析数论奠基人

数论是在 18 世纪末到 19 世纪初逐渐发展为一门系统且独立的学科的。此后，随着各个数学分支的发展，许多可用于研究数论的新方法出现了，数论分出了多个研究方向。除了使用初等数学方法的初等数论和上一节谈及的使用代数方法的代数数论，还有利用数学分析（主要是复分析的方法）来解决数论问题的解析数论。解析数论和代数数论的主要区别在于，代数数论讨论的问题的答案往往都是由准确的公式给出的，而解析数论寻求的是对

狄利克雷

问题的近似与估计，相关的量往往没有准确的公式来表达。

在众多为解析数论的创立和发展做出贡献的先贤中，德国数学家约翰·彼得·古斯塔夫·勒热纳·狄利克雷被公认为"解析数论之父"。他利用数学分析尤其是复分析的工具来研究整数，将复分析和数论结合起来，从而彻底改变了人们研究整数的方式。

狄利克雷于 1805 年 2 月 13 日出生于莱茵河左岸的杜伦镇。这里当时还是法兰西第一帝国的一部分，于 1815 年维也纳会议后回归普鲁士。狄利克雷是家里 7 个孩子中最小的一个。虽然家境并不富裕，但他的父母还是坚持送他上学，希望他将来能成为一名商人。年轻的狄利克雷对数学表现出浓厚的兴趣，他说服父母允许他继续学习。1817 年，年仅 12 岁的狄利克雷进入了波恩中学。

1820 年，他转学到科隆的耶稣会中学。当时乔治·欧姆（德国物理学家，发现了电阻中的电流与其两端的电压成正比，即著名的欧姆定律）正在这里任教，狄利克雷跟随他学习到了许多数学知识。随后，狄利克雷再次说服父母为自己在数学方面的深造提供进一步的经济支持。由于当时德国几乎没有学习高等数学的机会，只有在哥廷根大学名义上是天文学教授的高斯在研究数学，但高斯不太喜欢教学。于是，狄利克雷在 1822 年 5 月前往巴黎求学。他选择了法兰西学院和巴黎大学的课程，向阿歇特等数学家学习，同时自学高斯的《算术研究》——他将这本书珍藏一生。

在巴黎良好的学习、研究氛围中，狄利克雷很快就有了第一个原创性的研究成果。他证明了费马大定理在 $n=5$ 时的部分情形。这是自费马自己证明 $n=4$ 的情形和欧拉证明 $n=3$ 的情形以来的重大进展，让狄利克雷声名鹊起。几年后，他又对 $n=14$ 的情形给出了完整的证明。1825 年 6 月，狄利克雷受法国科学院之邀讲授他关于费马大定理在 $n=5$ 时的部分情形的证明。这对于一个没有文凭的年仅 20 岁的学生来说，简直太不可思议了。狄利克雷在法国科学院的演讲中结识了傅里叶和泊松，此后三人一直保持着密切联系。

1825 年底，狄利克雷返回普鲁士。经洪堡和高斯的推荐，狄利克雷先后获得了布雷斯劳大学、柏林的普鲁士军事学院和柏林大学的教职。在布雷斯劳大学期间，狄利克雷继续他的数论研究，发表了关于高斯的四次互反律的重要成果。1832 年，狄利克雷成为普鲁士科学院院士，年仅 27 岁，是当时最年轻的院士。

1837 年在柏林期间，狄利克雷证明了算术级数的狄利克雷定理，开创了解析数论这一重要的数学分支。该定理指出，对于任意两个互素的正整数 a 和 m，形如 $a+km$ 的素数有无穷多个，其中 k 是非负整数。或者说，有无穷多个素数在模 m 后等于 a。狄利克雷定理不但推广了说明素数有无穷多个的欧几里得素数定理，还以更强的形式说明了任何这样的算术级数中素数项（也就是形如 $a+mk$ 的素数）的倒数之和发散（我们以 $a=3$，$m=4$ 为例解释一下。形如 $3+4k$ 的素数有 3，7，11，19，23，31，43，…，它们对应的 k 值分别为 0，1，2，4，5，7，10，…。由狄利克雷定理的强形式可推知，级数 $\frac{1}{3}+\frac{1}{7}+\frac{1}{11}+\frac{1}{19}+\frac{1}{23}+\frac{1}{31}+\frac{1}{43}+\cdots$ 是发散的），并且对于固定的 m，由不同的 a 所给出的算术级数中素数项的比例是大致相同的。简单来说，素数在模 m 的各个同余类中是近似均匀分布的。这一结果为数学家从整体上把握素数在整数中的分布规律打开了一扇大门。

与许多著名的数学故事一样，狄利克雷定理的证明也是从伟大的欧拉开始的。欧拉在研究 Zeta 函数时发现了素数和自然数之间的美妙关系：Zeta 函数在 1 处的取值等于所有素数的乘积与所有素数减 1 之后的乘积的比值。后来，欧拉对形如 $1+km$ 的狄利克雷定理的特例做了说明，而一般形式的狄利克雷定理最早是由法国数学家勒让德提出的。他在试图证明二次互反律时猜想这个结果成立，但没能给出证明。狄利克雷受到欧拉的启发，以欧拉早期的工作为基础，将 Zeta 函数与素数分布联系起来，构造了狄利克雷特征标与狄利克雷 L 级数。

狄利克雷特征是与 m 有关的从整数集 $\mathbb{Z}$ 到复数集 $\mathbb{C}$ 的一类函数 $\chi: \mathbb{Z} \to \mathbb{C}$，可以简单地理解为关于形如 $a+km$ 的素数的筛选器。狄利克雷 L 级数是借助狄利克雷特征给出的推广的 Zeta 函数，这也是后来解析数论中非常重要的工具。借助狄利克雷 L 级数，欧拉公式所揭示的素数在自然数中的分布规律被提升到算术级数上。狄利克雷通过证明对于任何非平凡特征，狄利克雷 L 函数在 1 处的值不为零，指出形如 $a+km$ 的素数的倒数给出的级数是发散的，必有无穷多项，所以也就存在无穷多个形如 $a+km$ 的素数，最终证明了狄利克雷定理。这种利用分析的方法解决代数和数论问题的思路是开创性的，因此后人把狄利克雷尊为解析数论的奠基人。

后来黎曼将 Zeta 函数延拓到复平面上，进一步把素数分布的问题和 Zeta 函数的性质联系起来，特别是 Zeta 函数的零点性质。为此，他提出了一个猜想：Zeta 函数 $\zeta(s)$ 的所有复零点都在直线 $\mathrm{Re}(s)=1/2$ 上。这就是著名的黎曼猜想，至今尚未解决。关于它的研究对于解析数论和代数数论的发展都产生了极其深刻的影响。

在柏林大学的这段时间里，狄利克雷在坚持研究数学的同时也承担了大量教学工作。他非常喜欢且善于教学，在学生中享有盛誉。他是第一位讲授数论的德国教授，为数论的发展和传承做出了特别的贡献。他指导和帮助过多位未来成就不凡的数学家，包括克罗内克、雅各比、库默尔等。

1855 年，高斯去世后，哥廷根大学决定任命狄利克雷为高斯的继任者。狄利克雷很享受在哥廷根的时光，因为较轻的教学负担使他有更多的时间进行研究，并与新一代研究人员保持密切的联系。虽然戴德金、黎曼、莫里茨·康托尔和阿尔弗雷德·恩内珀这些人都已经获得了博士学位，但还是参加狄利克雷的课程，跟着他学习。戴德金后来还编辑出版了包含狄利克雷的数论讲座和其他数论成果的《数论讲义》。

1858 年夏天，在蒙特勒旅行期间，狄利克雷的心脏病发作。1859 年 5 月 5 日，他在妻子丽贝卡去世几个月后在哥廷根去世。狄利克雷的大脑与高斯的大脑一起保存在哥廷根大学的生理学系。

狄利克雷因在数论、分析和数学物理方面的成就享誉世界，同时也因热爱并善于教学而在学生中享有盛誉。他的讲课思路清晰，思想深邃，同时他为人谦逊，循循善诱，培养了一批又一批优秀的数学家。在狄利克雷前往哥廷根大学接替高斯的职位时，他在柏林大学的继任者库默尔是这样赞誉他的："哥廷根大学试图以此保持半个世纪以来该校由于拥有在所有在世的数学家中名列第一的学者而赢得的声望。"

1.8　哥德巴赫猜想

哥德巴赫猜想可以说是数论乃至整个数学中最古老和最著名的未解决的问题之一。高斯有一句名言："数学是科学的女皇,数论是女皇头上的皇冠。"而本节将要谈到的哥德巴赫猜想就是公认的皇冠上的宝石。

为什么哥德巴赫猜想能获得如此高的评价呢?哥德巴赫猜想的描述非常简单:每个大于 2 的偶数都可以表示成两个素数的和。只要有一点数学基础的人都可以看得明白,但它的证明异常艰难,以至于在这个猜想提出后近 300 年的时间里,无数数学家和数学爱好者将自己的时间、精力和热情投入这个问题上,但都没有取得最后的成功。正是这种极其简单的形式与极其深刻的内涵的复合构筑了哥德巴赫猜想的独特魅力。

我们首先回溯一下哥德巴赫猜想的提出。

1742 年 6 月 7 日,德国数学家克里斯蒂安·哥德巴赫在给欧拉的信中提出了第一个猜想:每个可以写成两个素数之和的整数也可以写成任意多个素数之和,直到所有相加的项都是 1。

哥德巴赫与他的猜想手稿

与现在的惯例不同的是，那时哥德巴赫是将 1 视为素数的，因此在他看来最后多个 1 的和也可以算是素数的和。然后，他在信纸的空白处写下了可以推出第一个猜想的第二个猜想：每个大于 2 的整数都可以写成三个素数的和。

哥德巴赫认识到第一个猜想可以由第三个猜想"每个正偶数都可以写成两个素数的和"推出。而欧拉在 1742 年 6 月 30 日回复哥德巴赫的信中指出，第三个猜想其实也与哥德巴赫在信纸的空白处写下的第二个猜想等价。欧拉写道："每个偶数都是两个素数的和，我认为这是一条肯定正确的定理，尽管我无法证明它。"

上述三个猜想可以用现代的数学语言表达出来。根据现在的素数定义，1 被排除在素数之外。第一个猜想可被改写为：每个可以写成两个素数之和的整数也可以写成任意数量的素数之和，直到所有项都是 2（如果该整数是偶数）或一项是 3 而其他所有项是 2（如果该整数是奇数）。

第二个猜想可被改写为：每个大于 5 的整数都可以写成三个素数的总和。现在我们说起哥德巴赫猜想时通常都是指第三个猜想的现代版，也称之为"强哥德巴赫猜想"或"偶数哥德巴赫猜想"。该猜想可被改写为：每个大于 2 的偶数都可以写成两个素数的和。

因为不再把 1 看作素数，这些猜想的现代版表述可能不完全等同于相应的原始版。例如，如果有一个偶数 $N = p + 1$ 大于 4，其中 p 为素数，且 N 不能表示为两个素数（不包含 1）之和，那么它将是第三个猜想的现代版的反例，而不是第三个猜想的原始版的反例。因此，排除 1 作为素数后，这些猜想的现代版的结论有可能变得更强了。无论如何，这些猜想的现代版与原始版保持了相同的逻辑关系，也就是说第二个猜想和第三个猜想的现代版仍是等价的，并且二者都可以导出第一个猜想的现代版。

从哥德巴赫猜想提出的那一刻起，就有许多数学家满怀信心地尝试进行证明，甚至为之穷尽一生之力。可是直到 19 世纪末，哥德巴赫猜想的证明也没有任何大的进展。人们很容易验证以下式子：

$$6 = 3+3$$
$$8 = 3+5$$
$$10 = 5+5$$
$$\cdots\cdots$$
$$100 = 3+97$$

从这些具体的例子中，可以看出哥德巴赫猜想都成立，但始终没有人能给出完整的证明。将任意一个偶数分解为两个素数的和的形式并没有乍看上去那么简单，其规律隐藏得很深。也许我们能从下面这个小例子中一窥其困难之处。设想把所有已知的素数按大小排列为 2，3，5，7，$\cdots$，p_i，$\cdots p_n$，则偶数 $2\times3\times5\times7\times\cdots\times p_i\times\cdots\times p_n = p_i + (2\times3\times5\times7\times\cdots\times p_{i-1}\times p_{i+1}\times\cdots\times p_n - 1)\times p_i$，也就是说 $2\times3\times5\times7\times\cdots\times p_i\times\cdots\times p_n$ 这个偶数不能分解为 2，3，5，7，$\cdots$，p_i，$\cdots$，p_n 中的任何一个素数与另一个素数的和的形式。所以，只有对素数的分布规律有全面深刻的认识之后，才有可能证明哥德巴赫猜想。

在 20 世纪，哥德巴赫猜想的证明取得了一些重要进展。

上面谈到的第二个猜想的现代版有一个较弱的形式，被称为"弱哥德巴赫猜想"或"奇数哥德巴赫猜想"，即每个大于 7 的奇数都可以写成三个奇素数的和。

弱哥德巴赫猜想是强哥德巴赫猜想的推论，具体内容为：如果偶数 $n-3$ 是两个素数的和，即 $n-3 = p+q$，那么奇数 n 自然是三个素数的和，即 $n = p+q+3$。同时，如果弱哥德巴赫猜想成立，那么这就直接意味着每个大偶数都是最多 4 个素数的和。这如同给强哥德巴赫猜想划下了一条底线。

英国的哈代和李特尔伍德首先研究了弱哥德巴赫猜想。他们证明了若广义黎曼猜想 [黎曼 Zeta 函数的非平凡零点都在 $\mathrm{Re}(s) = 1/2$ 的直线上] 成立，则弱哥德巴赫猜想对所有足够大的奇数都成立。后来，苏联数学家维诺格拉多夫于 1937 年证明哈代和李特尔伍德的结论可以在不依赖广义黎曼猜想的情况下直接得到。他指出，任何充分大的奇数都能写成三个素数的和，称之为三素数定理。也就是说，在数轴上有一个非常大的数，从这个数往后看，弱哥德巴赫猜想成立，而对于这个数前面的奇数，则需要逐个进行验证。这几乎已经证明了弱哥德巴赫猜想，剩下的只是找到并将这个大数不断缩小，以及通过计算机验证这个大数之前的奇数。2013 年，秘鲁数学家哈洛德·贺欧夫各特给出了弱哥德巴赫猜想的完整证明。他将这个大数降至 10 的 29 次方，使其进入计算机程序可验证的范围，然后他验证了这个大数之前的全部奇数，从而证明了弱哥德巴赫猜想。

虽然强哥德巴赫猜想至今仍未得到证明，但对这个问题的研究带来了许多新的想法。数学家从各个方向逼近这个猜想，取得了很多成果。

第一，可以考虑一个大偶数能否写成两个素因子个数不多的正整数的和。如果把"任一充分大的偶数都可以表示为一个素因子个数不超过 a 的正整数与另一个素因子个数不超过 b 的正整数之和"这一冗长的命题简记为"$a+b$"，那么强哥德巴赫猜想就可以写成"1+1"。在"$a+b$"问题上的进展都是用筛法得到的。顾名思义，筛法的核心思想是把合数从数集中筛选掉，比如可以把某个自然数 N 之前的自然数按次序排列起来，然后将不大于 $\sqrt{N}$ 的素数的倍数全部划去，剩下的就是所有不大于 N 的素数。1920 年，挪威的布朗证明了"9+9"成立。1966 年，中国数学家陈景润改进了筛法，证明了"1+2"成立，即"任一充分大的偶数都可以表示成两个素数之和，或者一个素数和一个半素数之和"。这是目前这一研究方向的最好结果。虽然"1+2"距离"1+1"只差最后一步，但目前看来，筛法已经几乎发挥到极限了，要想再进一步，就只有发展新的方法了。

第二，可以尝试从弱哥德巴赫猜想反推强哥德巴赫猜想。从三素数定理出发，已知一个大奇数 N 可以表示成三个素数之和，如果能证明这三个素数中有一个非常小，比如说第一个素数可以总取 3，那么就证明了强哥德巴赫猜想。

中国解析数论的三驾马车——王元（左）、陈景润（中）和潘承洞（右）

中国数学家潘承洞首先证明这个小素数不超过 N 的四分之一次方。

第三，可以在数轴上选取大整数 x，然后寻找那些小于 x 且使得强哥德巴赫猜想不成立的偶数，即例外偶数。如果能证明无论 x 多大，这种例外偶数只有一个 2，那么强哥德巴赫猜想就成立了。1975 年，蒙哥马利和沃恩证明了"大多数"偶数可以表示为两个素数的和。更准确地说，存在正常数 c 和 C，使得对于所有足够大的整数 N，只有最多 CN^{1-c} 个小于 N 的例外偶数，其余每个小于 N 的偶数都是两个素数的和。因此，当 N 趋于无穷大时，小于 N 的例外偶数的个数与 N 的比值趋于零，也就是说不是两个素数之和的偶数集的密度为零。

第四，还可以考虑用其他方式比较一个大偶数和两个素数的和的差距。1951 年，苏联数学家林尼克证明了存在一个常数 K，使得每个大偶数都是两个素数与 K 个 2 的幂之和。显然在林尼克的结果中，如果 K 可以取零，那么强哥德巴赫猜想就成立了。2002 年，英国数学家希思–布朗和德国数学家普赫塔证明了 K 可以取 13。

迄今为止，通过计算机技术，数学家已经可以验算 $4×10^{18}$ 以内的所有偶数，发现哥德巴赫猜想都成立。但对所有偶数而言，哥德巴赫猜想仍然是未解之谜，如潘承洞院士所言，"甚至没有一个假设性的证明"。这道谜题对数学甚至人类来说究竟意味着什么，目前无人知晓。我们只知道，在好奇心与求知欲的驱使下，未来我们会了解得越来越多。

还有什么比这更美妙呢？

1.9　从费马到怀尔斯

1993 年 6 月 23 日，英国数学家安德鲁·怀尔斯在剑桥大学牛顿研究所做了题为《椭圆曲线、模形式和伽罗瓦表示》的报告，宣布其证明了半稳定的椭圆曲线一定是模椭圆曲线，并且可以由之推导出费马大定理成立。消息一出，立刻引起了全世界的轰动。费马大定理这个困难而又经典的问题再一次吸引了全球所有数学爱好者的目光。

费马大定理

为什么关于费马大定理的思考与证明有如此巨大的吸引力和重要性呢？这还得从该定理的提出者、法国数学家费马说起。前面已经详细介绍过这位"业余数学家之王"，他的许多重要思想和成果是写在手稿、书页的空白处以及给朋友的信中而为后人所知的，但是他往往只写结论，很少写下证明过程或根本没有证明，用现在通俗的话来说就是"只挖坑，不填坑"。欧拉等数学家不算太费时费力就把费马挖出的绝大部分"坑"填上了，唯有一个"坑"例外，这就是费马大定理（方程 $x^n+y^n=z^n$ 不存在正整数解，其中 n 为大于 2 的正整数）。

费马大定理的提出非常有戏剧性。早在 2000 多年前，毕达哥拉斯就发现直角三角形的两条直角边的平方和等于斜边的平方，比如 $3^2+4^2=5^2$。此后，考虑一般的 $a^2+b^2=c^2$ 的整数解就成了不定方程的一个经典问题。古希腊数学家丢番图有一本专门研究不定方程的著作《算术》，他记录并研究了这个问题。后来，这本书和古希腊文明一起湮没于欧洲 1000 多年的黑暗的中世纪之中，直到文艺复兴时期才重新被人们发掘出来。费马在研究《算术》这本书时，在书页的空白处写下了那个我们在前面多次提到的包含费马大定理的著名边注。只留下结论而没有证明，这真是费马的一贯作风啊！

不难看出，在费马大定理中，若 n 是一个合数且有奇素数因子 p，则方程 $x^n+y^n=z^n$ 有正整数解的必要条件是 $x^p+y^p=z^p$ 有正整数解；若 n 是一个合数且没有奇素数因子，也就是 n 为 2 的幂且幂次大于 1，则方程 $x^n+y^n=z^n$ 有正整数解的必要条件是 $x^4+y^4=z^4$ 有正整数解。因此，要证明费马大定理，只需要考虑 $n=4$

和 n 为奇素数的情形。

费马相信自己已经得到了一个"非常奇妙的证明",可能是因为他通过自己发明的无穷递降法证明了费马大定理中 $n=4$ 的情形,并且认为无穷递降法适用于 n 为其他大于 2 的正整数的情形。虽然欧拉确实通过费马的无穷递降法给出了 $n=3$ 的情形的证明,但对于其他情形,这种方法力有不逮。

前面已经介绍过狄利克雷和库默尔关于费马大定理的研究工作。1825 年,狄利克雷证明了 $n=5$ 的情形。随后,库默尔通过素数次分圆域研究了这个问题。当 n 取素数 p 时,费马大定理成立与否取决于一个把单位圆 p 等分后得到的分圆域的算术结构。当该分圆域的类数被 p 除不尽时,费马大定理就成立。在此后的 100 多年里,基于库默尔的理想数理论的研究不断取得进展。1954 年,哈利·范迪夫使用 SWAC 计算机证明了不大于 2521 的所有素数的情形。到 1978 年,塞缪尔·瓦格斯塔夫已将结果扩展到所有小于 125000 的素数。到 1993 年,已经可以证明费马大定理对于所有小于 400 万的素数都是成立的。但是,这种对单个指数的证明就其性质而言似乎永远无法证明一般情况。费马大定理的完全证明需要新的思想和方法。

数学家想到从"方程 $x^n+y^n=z^n(n>2)$ 无正整数解"的等价命题"曲线 $u^n+v^n=1(n>2)$ 无有理点"上寻找新的突破口。这就把寻找代数方程整数解的问题转化为寻找几何曲线上有理点的问题。1922 年,英国数学家莫德尔提出猜想"$u^n+v^n=1(n>2)$ 的代数曲线上的有理点只有有限多个"。这一猜想于 1983 年被德国数学家法尔廷斯证明了。1985 年,英国数学家罗杰·希思–布朗利用这一结果证明了几乎所有素数使费马大定理成立。换言之,如果有使费马大定理不成立的素数,那么这样的素数在整个素数集合中是微不足道的。此结论看起来已经十分接近费马大定理了,但还是没能完成最终的证明。

大约在 1955 年,日本数学家志村五郎和谷山丰观察到两个看起来完全不同的数学分支——椭圆曲线和模曲线之间可能存在联系,由此提出了谷山–志村猜想(后来称为模块化定理),即有理数域上的椭圆曲线都是模椭圆曲线。

模块化定理意味着这样的曲线可以与独特的模形式相关联。这个猜想在最初的一片质疑声中得到了数学家安德烈·魏尔的肯定，后者通过大量计算得到的结果间接支持了这个猜想。因此，后来这个猜想也被称为谷山–志村–魏尔猜想（TSW 猜想）。

1984 年，德国数学家弗雷注意到费马方程和 TSW 猜想之间的联系。他提出"如果方程 $x^p + y^p = z^p (p \geqslant 5$ 且是素数）有一组非零整数解，即 $(x, y, z) = (a, b, c)$，$abc \neq 0$，则方程为 $y^2 = x(x-c^p)(x+b^p)$ 的椭圆曲线（也称为弗雷曲线）不满足椭圆曲线的 TSW 猜想"。这就是说，如果费马大定理不成立，那么 TSW 猜想也不成立。随后，弗雷提出的这一命题经过法国数学家塞尔的修正，最终在 1990 年由美国数学家里贝特证明了。

这样，在费马大定理的最终证明到来之前，所有的准备工作均已完成。里贝特的结果表明 n 为素数的费马方程的正整数解（如果存在）都可以用来创建非模曲线的半稳定椭圆曲线，而这将是 TSW 猜想的一个反例。因此，只要证明半稳定时的 TSW 猜想，就可以推出费马大定理。

为了完成这一极其困难的工作，怀尔斯在近 7 年的时间里进行了心无旁骛的思考和研究。他除了教书、指导研究生和参加必要的讨论班外，不参加任何无关的学术会议和活动。他躲进家中的书房里，一心一意地研究 TSW 猜想。他最初基于伽罗瓦理论通过归纳证明取得了一些突破，后来又尝试将岩泽理论拓展到自己的归纳论证中。到 1991 年中期，他感觉到岩泽理论似乎也没有触及问题的核心。他只好与同行联系，寻找有关前沿理论和新方法的线索，结果发现当时由科利瓦金和弗拉赫构造的欧拉系统似乎是为他的证明的归纳部分"量身定制"的。怀尔斯借此完成了他的证明，并写出了一篇 200 多页的论文。不过，他在剑桥大学做完报告之后不久，该论文被发现存在漏洞。

虽然怀尔斯工作的每一部分都有非常了不起的创新成果，但只要有漏洞，就不能算是费马大定理的完整证明。怀尔斯花了将近一年的时间试图修正他的证明，但始终没能成功。1994 年 9 月 19 日上午，他在就要放弃、承认失败之时，突然灵光乍现。他似乎找到了科利瓦金–弗拉赫方法不能直接奏效的原因，并且发现如果结合之前被自己放弃的岩泽理论，就有可能克服这最后的障碍。这真应了那句老话"天道酬勤"。

回忆这个"柳暗花明又一村"的时刻，怀尔斯后来说："从科利瓦金-弗拉赫方法的灰烬中似乎找到了问题的真正答案。它美得如此难以形容，而又如此简单，如此优雅。我不明白我怎么错过了它。"

1994 年 10 月 24 日，怀尔斯提交了两篇手稿《模椭圆曲线和费马大定理》和《某些赫克代数的环理论性质》。第二篇论文是他与学生泰勒合著的，以证明主要论文修正错误所需的结果。这两篇论文经过审查，在 1995 年 5 月发行的《数学年鉴》上全文发表。在费马大定理提出 358 年之后，怀尔斯给出了最终证明。

费马大定理的提出、探索到最终证明就如同一部缩写版的近代数学发展史，数学研究的传承与发展以及数学家对数学的热爱在费马大定理的证明过程中展现得淋漓尽致。费马以其灵敏的数学直觉提出了猜想，怀尔斯等几代数学家薪火相传，通过严密的逻辑推理最终给出了证明，二者相辅相成，缺一不可。对费马大定理的探索也极大地促进了数学的各个分支之间的联系和交流。比如，通过 TSW 猜想与费马大定理，连续的空间几何图形与离散的数量关系产生了密切的联系。

在剑桥大学所做的报告的最后，怀尔斯说到"I think I'll stop here"。对于费马大定理，所有人的一切努力仿佛都是为了这句话的到来。

第**2**章 ▶▶▶

从"万物皆有理"谈起

2.1 以子之矛攻子之盾

谈到古希腊文明,绝不可绕过毕达哥拉斯。公元前 6 世纪,毕达哥拉斯及其领导的学派对数学的贡献非常多,不仅包括具体的数学研究成果,也包括他们的那些产生了深远影响的数学思想。

毕达哥拉斯

基于对大量自然现象的观察和总结以及在几何、算术、天文和音乐(古希腊称之为"四艺")方面的研究结果,毕达哥拉斯学派确立了在神秘的宇宙中数的中心地位的观点，提出"万物皆数"的论断。在他们看来，一切事物和现象都可以归结为整数与整数之比，例如他们相信音乐和天文学都可以归结为数。毕达哥拉斯在琴弦上重复试验后发现，拨动琴弦所产生的音调的和谐由整数之比决定。他们也相信行星的运动可以发出"天籁之声"，其中同样藏有数与数的比。毕达哥拉斯学派中的一位学者清晰地表达了这种观点，他说："人们所知的一切事物都包含数，因此若没有数，就既不能表达，也不能理解任何事物。"

在"万物皆数"的观念之下，毕达哥拉斯学派对几何量进行了比较。例如，比较两条线段 a 与 b 的长度，总可以找到一条小线段 c，使 a 与 b 均可以分成 c 的正整数倍，则可以将小线段 c 作为 a 与 b 的共同度量单位，并称线段 a 与 b 是可公度的。如此一来，毕达哥拉斯学派认为任意两个量都是可公度的。古希腊人毫不怀疑地接受了这一结论，理所当然地认为作为共同度量单位的第三条线段是存在的。

毕达哥拉斯的重要数学成果之一是发现了毕达哥拉斯定理，其内容是：在一个两条直角边分别为 a 和 b、斜边为 c 的直角三角形中，$a^2+b^2=c^2$。若 a，b，c 均为整数，则称 (a, b, c) 为毕达哥拉斯三元数组。事实上，我国古代重要的数学文献《周髀算经》记载在商朝时就发现了该定理，称之为勾股定理或商高定理，比毕达哥拉斯早 500 年之久。现代考古证实，约公元前 3000 年的古巴比伦人就对毕达哥拉斯定理有一定的认识和应用。

毕达哥拉斯定理的名字源自欧几里得的那部震古烁今的《几何原本》，该著作命名了这个定理。又由于古希腊是现代数学的发源地，所以这个名字经由西方广泛流传开来。

至今公开发表的毕达哥拉斯定理的证明方法超过 370 种，方法之多令人难以想象。其中广为流传的有我国三国时期数学家赵爽的"弦图"、刘徽的"出入相补法"，美国第 20 任总统加菲尔德的"总统证法"。勾股定理享有极高的声誉，对数学的发展来说意义重大，我们将在第 4 章 4.1 节展开详细的叙述。

再回到公元前 6 世纪。正当简洁迷人的毕达哥拉斯定理的发现令整个学派欢欣鼓舞之际，事情出现了一个大大的转折，毕达哥拉斯的得意门生希帕索斯在研究该定理时意外地发现边长为 1 的正方形的对角线长度 $\sqrt{2}$ 是不可公度的！这一下子将毕达哥拉斯推向了两难的尴尬境地，也令古希腊人瞠目结舌，难以置信。

当时"万物皆数"（也就是万物皆为有理数）的观念已经深深地印刻在毕达哥拉斯学派乃至古希腊人的脑海里，根深蒂固。一旦这一数学和哲学信条被推翻，对于崇拜毕达哥拉斯的信众来说，无疑于地震海啸、天崩地裂；对于毕达哥拉斯来说，那更不啻一声晴天霹雳、当头一棒。如果没了信仰，人心就散了，队伍也就不好带了！

希帕索斯的发声于毕达哥拉斯及其学派来说是致命的，因为这个结论颠覆了学派引以为傲的关于宇宙和谐的秘密的发现。希帕索斯因为泄露了这一发现，被视为学派的"叛徒"。据说他被抛入大海中淹死，若果真如此，那可真是毕达哥拉斯一生的一大污点，但希帕索斯提出的不可公度问题还是逐渐流传开来，后人称之为毕达哥拉斯悖论，并导致了数学史上的第一次数学危机。

事实上，毕达哥拉斯学派认为的两条线段 a 与 b 是可公度的这一结论用现在的语言表述就是任意两条线段的长度之比是整数或分数，即有理数。希帕索斯不可公度量是指正方形对角线的长度与边长之比 $\sqrt{2}$ 不是有理数，而是无理数。当时的古希腊人使用"可比数"与"不可比数"，这两个术语在转译的过程中成了现在的"有理数"（rational number）与"无理数"（irrational number）。

希帕索斯发现的不可公度量 $\sqrt{2}$ 是数学史上出现的第一个无理数。现在看来，这应该是数学上的一大重要发现，然而在当时的古希腊被视为悖论并引发了严重的问题，其原因如下。

第一，无理数的发现动摇了毕达哥拉斯学派"万物皆数"的基本哲学信条。无理数不能用整数之比表示，这就宣告他们的"一切事物和现象都可以归结为整数与整数之比"的数的和谐论是错误的，从而建立在其上的对宇宙本质的认识也是虚无的。

第二，无理数的发现摧毁了建立在"任意两条线段都是可公度的"这一观点之上的观念。这种质朴的观念认为：线是由原子次第连接而成的，原子可能非常小，但它们的质地一样，大小一样，它们可以作为度量的最终单位。这一认识构成了毕达哥拉斯学派的几何基础。

第三，无理数的发现使辗转相除法受到质疑。早期的希腊数学家认为任何量都可公度还基于比较数量的一种方法——辗转相除法。假设 a 与 b 是两条线段的长度，根据"数学原子论"，他们相信按照辗转相除法做下去，总会得到一个正整数，使得 a 与 b 都是这个正整数的若干整数倍。

第四，无理数的发现与人们通过经验和直觉获得的一些常识相悖。根据经验以及各式各样的实验，任何量在任何精度范围内都可以表示成有理数。这不仅是古希腊人普遍接受的信仰，在测量技术高度发展的今天，这个断言也是正确的。

总之，毕达哥拉斯悖论意味着就度量的实际目的来说完全够用的有理数对数学来说却是不够的。

不可公度量的发现，不但强烈地冲击和摧毁了许多传统的观点与"万物皆数"的信条，而且表现在它对具体数学成果的否定上。而毕达哥拉斯学派的许多几何定理的证明都是建立在任何量都可公度的基础之上的。以子之矛攻子之盾，何如？毕达哥拉斯学派无法回答。

最后，再多说几句本节的主人公。这位古希腊先贤与释迦牟尼和孔子几乎生活在同一时代，也同样对后世影响至深。约公元前 580 年，毕达哥拉斯出生在爱琴海中的萨摩斯岛（今希腊东部的一座小岛）的一个贵族家庭，他自幼聪明好学，青壮年时期曾在埃及、巴比伦、印度等国游历，学习几何学、天文学等方面的知识。在经过认真思考后，他汲取各家之长，形成和完善了自己的思想体系。年近半百时，这位智者回到故乡开始讲学，广收门徒，在今天意大利南部的克罗托内逐渐建立了一个组织严密的学派——毕达哥拉斯学派。该学派集宗教、政治和学术为一体，成员过集体生活，研究成果只传授给内部成员。他们制定了严格的行为准则和道德规范。该学派在当时赢得了很高的声誉，产生了广泛的政治影响力，但也因此引起了敌对派的仇恨，约公元前 500 年毕达哥拉斯最终被暴徒杀害。

在经历了漫长的 2300 多年后，1872 年德国数学家戴德金从连续性的要求出发，用有理数的"分割"来定义无理数。一些数学家共同努力建立了严格的实数理论，结束了无理数不被认可的时代，由毕达哥拉斯悖论引发的第一次数学危机被彻底化解，人们终于弄清楚了一个不敢相信的事实——原来无理数比有理数多得多，看起来杂乱无章的无理数才是实数的主流！是不是很令人惊奇和意外？

当我们考虑整数与整数之比（即有理数）时，容易证明它们都可以化为整数、有限小数或无限循环小数，而对于表示无理数的那些无限不循环小数，我们也可以轻而易举地将它们写出来，比如 $0.12112111211112\cdots$。如此这般，你也许能悟到一点什么吧。毕达哥拉斯学派所认为"对几何形式和数字关系的沉思能达到精神上的升华"，此言不谬。

2.2 卡尔达诺与费拉里

一元高次方程的求根公式可以说是古典代数学的中心问题。当时很多大数学家曾将解决这样的问题看成至高的追求，能终结这样的难题无疑会赢得无上的荣光。事实上，任何时代都是一样的，大家都关注数学前沿领域的难题，其解决过程中的一点儿风吹草动都撩拨着致力于数学研究的人们的敏感神经。

代数方程是一种含有未知数的等式。代数方程中只有一个未知量时称为一元，未知量的最高幂次称为次数。所谓方程的求根公式是指需要利用方程的系数将方程的根（也称为解）表示出来，这种表示方法用到的仅仅是系数的和、差、积、商、乘方及开方 6 种运算。那就是说，当一个方程一旦给出，其系数就唯一确定了，从而由求根公式，那个满足方程的根也就随之诞生。

说起一元一次方程和一元二次方程，估计没有几个中学生会感到陌生，尤其是一元二次方程的求根公式以及与之相关的韦达定理伴随了中学生的一部分代数学习和考试。尽管在公元前 19 ~ 前 17 世纪的古巴比伦的传世杰作"泥版书"中发现了一些方程的解法，我国公元 1 世纪的《九章算术》也提出了一些方程的解法，但这些解法都不够系统，只适合一些特定的方程。一元一次方程与二次方程的求根问题是在公元 9 世纪圆满解决的，这要归功于一位名字超长的阿拉伯数学家、天文学家——阿布·阿卜杜拉·默罕默德·伊本·穆萨·阿尔-花拉子密，据说这个冗长的名字包含了其本人的名字、父亲的名字、祖父的名字、部落或地方的名字，称得上一份详细的父系名单。下面姑且称他为花拉子密。花拉子密在他的代表作《代数》中完全用文字第一次完整地阐释了一般的一元一次方程和一元二次方程的解法。"代数"一词也自然是几经转译变迁、流传下来而被大家所熟知的。事实上，当初这部著作的名字直译过来应为《还原与对消的科学》，阿拉伯文书名逐渐简化为"al-jabr"，对应的英文为"algebra"。从明朝末年到近代的西学东渐期间，"algebra"一度被直译为"阿尔热巴拉"。至于花拉子密用文字叙述代数，完全是因为在那个年代还没有发明简洁的代数符号。如果按照今天的理解"代数是用符号代替数"，那么"代数"的译法就有些名不副实。

从中世纪漫漫的黑夜中觉醒后，在14~16世纪的意大利，知识的浪潮席卷而来。在文艺复兴之光的普照下，大量辉煌灿烂的科学、文学、艺术杰作不断涌现。当数学家继续考虑一元高次方程的求根公式时，寻找一元三次方程与一元四次方程的求根公式竟演绎成代数学历史上精彩的故事。15~16世纪的几位意大利数学家登场了，其中丰塔纳、卡尔达诺与费拉里无疑是最耀眼的主角。

卡尔达诺

意大利数学家帕乔利认为，就当时的数学发展来看，一元三次方程（形如 $ax^3+bx^2+cx+d=0$）是不可能用根式求解的。这个论断对意大利的数学家来说是一个挑战，就像今日的"open problems"一样，极大地激励了那些聪慧的头脑。首先出场的是大学教授费罗，1515 年他发现了缺少二次项的一元三次方程 $ax^3+cx+d=0$ 的根式解法，这种解法对后来方程求根公式的推进至关重要。但是，当时的大学流行学术争斗风气，教师们为保住自己的职位和声誉，对新发现一般都秘而不宣。他们准备随时可以像使用武器一样将自己的新发现抛向挑战者，打他个措手不及、落荒而逃。费罗临终前才将他掌握的一元三次方程的解法传给学生菲奥尔，菲奥尔在老师去世 9 年后的 1535 年用 30 道"缺项三次方程"向著名的大学教授丰塔纳发出挑战。后者应战，并且"礼尚往来"给了菲奥尔 30 道包罗万象的数学问题。

丰塔纳年幼时正逢意大利战争爆发，凶残的法国士兵砍伤了他的牙床。虽然他侥幸活了下来，但面目全非，还落下了口吃的毛病。因此，塔尔塔利亚（意为"结巴"）成了他的绰号。直到今天，人们还习惯用这个绰号称呼他。这位不到 30 岁就成为大学教授的天才夜以继日地进行研究，终于发现了缺二次项的一元三次方程的解法，彻底击败了自以为稳操胜券的菲奥尔。

下面最主要的演员卡尔达诺出场了。

无论从哪方面看，卡尔达诺都绝对算得上一位响当当的人物，他的一生充满动荡、富于传奇。作为一位在数学方面颇有造诣的人物，他的文字功底竟然十分了得。他的著述颇丰，撰写的文章题材广泛，包括数学、医学、文学、宗教，五花八门，许多著作成为欧洲的畅销书。1576 年，他写了一本自传《我的生平》。自传由于较强的主观意愿往往容易被质疑其真实性，卡尔达诺的自传因满是迷信和跌宕起伏的情节而更加被质疑。他的关于劝慰悲伤情绪的著作《安慰》被莎士比亚借鉴，那句流传甚广的哈姆雷特的著名独白"生存还是毁灭"与《安慰》中的语句非常类似。

卡尔达诺是个私生子，先天体弱多病，但天资聪颖。在大学期间，他主攻医学并以优异的成绩毕业。因此，他在一生中主要靠行医赚钱养家，副业还有占卜算命，竟然算出了自己死亡的时间。但到了那天他并没有什么异样，据说他竟然选择自杀，以求与占卜的结果一致。若果真如此，则绝非常人所为。卡尔达诺一生始终痴迷赌博。像大多数赌徒一样，他经常沉湎其中而不能自拔，但又与大多数赌徒不同，他从轮盘赌和掷骰子中赢得了为数不菲的钱。这多半源于他那数学家的头脑。谈及概率论的起源时，后人也许都会提到这位在赌博中研究不确定性问题的统计规律的意大利数学家，他去世后出版的《论赌博游戏》被认为是概率论历史上的第一部标志性著作。总之，卡尔达诺是一个既崇尚理性又十分迷信的人。

当卡尔达诺得知丰塔纳战胜菲奥尔时，他非常想一睹这位才华出众的数学家的神奇解法。于是，经过一番软磨硬泡，他将丰塔纳从小城市布雷西亚请到大城市米兰，盛情款待，并虔诚地发誓保守秘密。1539 年 3 月的某一天，丰塔纳终于以一段晦涩难懂的密文向卡尔达诺公开了缺项三次方程的解法。卡尔达诺很快就破译了密文，无比兴奋。随后他继续进行研究，将一般的一元三次方程 $x^3+bx^2+cx+d=0$ 的求解问题转化为缺项三次方程的求解问题，给出了一元三次方程的求根公式。此后，他背弃誓言，将结果发表在 1545 年出版的数学杰作《大术》一书中。尽管他在书中提到丰塔纳的贡献，但那个根号套根号的求根公式被后世称为卡尔达诺公式。卡尔达诺公式的推导过程可以表述如下（对数学公式感到头疼的读者完全可以忽略下面这部分内容）。

对于一元三次方程 $x^3+ax^2+bx+c=0$，令 $x=y-\dfrac{a}{3}$，则可以得到 $y^3+py+q=0$，其中 $p=b-\dfrac{a^2}{3}$，$q=c+\dfrac{2}{27}a^3-\dfrac{ab}{3}$。

再令 $y=u+v$，得 $u^3+v^3+q+(3uv+p)(u+v)=0$，选择 u，v，使 $3uv+p=0$，于是有 $u^3+v^3+q=0$，再加上方程 $u^3v^3=-\dfrac{p^3}{27}$。韦达定理说明，u^3 和 v^3 是方程 $z^2+qz-\dfrac{p^3}{27}=0$ 的根，即 $u=\sqrt[3]{-\dfrac{q}{2}+\sqrt{\dfrac{q^2}{4}+\dfrac{p^3}{27}}}$，$v=\sqrt[3]{-\dfrac{q}{2}-\sqrt{\dfrac{q^2}{4}+\dfrac{p^3}{27}}}$。由 u 和 v 可得原方

程的根。

聪明而忠诚的费拉里是卡尔达诺的仆人，后来成为他的学生。经过努力尝试，费拉里成功地解决了一般的一元四次方程 $x^4+ax^3+bx^2+cx+d=0$ 的求根问题，后来也将结果发表在卡尔达诺的著作《大术》中。他的主要思路是：对于上述的一元四次方程，令 $x=y-\dfrac{a}{4}$，得到一个缺项四次方程 $y^4+py^2+qy=r$，再通过巧妙地引入辅助变量，将四次方程化为三次方程，降低了方程的次数，然后利用前面介绍的三次方程的求解方法进行求解即可。

但是发明权之争总事关荣誉，丰塔纳不甘心自己的成果被窃。除了谩骂和充满火药味的信件往来，1548 年 8 月的某一天，一场公开的论战在米兰大教堂展开。费拉里和一群追随者替未露面的老师卡尔达诺辩护，致使势单力薄且结结巴巴、可怜兮兮的丰塔纳落荒而逃。此后，他再未踏上过这块伤心之地。这场辩论也使得一元三次方程的解法广为流传。

卡尔达诺和费拉里求解一元三次方程和一元四次方程的方法实际上属于化归法的思想，这种转化归结的策略可以说是重要的数学艺术，对于一个在数学思想方法方面没有受过良好训练的人来说很难做到。卡尔达诺也自信地认为，他在《大术》一书中讨论的"代数学"是一门"伟大的艺术"，可以影响后世几千年。

总之，卡尔达诺和费拉里最终解决了代数学中的一大难题，对帕乔利的断言给出了有力的反驳。一元三次方程和一元四次方程的求根公式之所以没有被列入中学教材，可能是因为编者担心其复杂的样子吓坏了小朋友。

尽管人们对卡尔达诺的为人毁誉参半，甚至有时贬多于褒，但在卡尔达诺离世一个世纪后，德国伟大的哲学家、数学家莱布尼茨中肯地评价说："卡尔达诺是一个有着许多缺点的伟人，若没有这些缺点，他定会举世无双。"可谓一语中的，盖棺论定。无论如何，代数学历史的天空闪烁几颗星，谁又能否认其中有卡尔达诺和费拉里呢？

2.3 数域扩充的不竭动力

当数学家说代数学基本上是研究结构的学问时，你能否理解其中的含义呢？当然，这并不是一件容易的事情！我们还要从代数学最华彩的篇章——代数方程的求根公式谈起。

代数学是从代数方程求根逐步发展起来的。前一节已提到，早在公元前19~前17世纪，古巴比伦人就解决了某些特定的一元一次方程和一元二次方程的求根问题。公元前4世纪，欧几里得在《几何原本》中用几何方法求解过一元二次方程。公元1世纪，我国《九章算术》中有一元三次方程和一次方程组的解法，并运用了负数。3世纪的丢番图不仅用有理数求一元一次、二次不定方程的解，而且开创了简化代数。13世纪中叶，我国南宋时期的数学家秦九韶在其所著的《数书九章》中给出了一元高次方程的近似解法。金元时期的数学家李冶在其所著的《测圆海镜》中记载了有关一元高次方程的数值解法的天元术。

大学有一门公共数学课——线性代数，是由一次方程组求解问题发展起来的理论，主要研究行列式、矩阵、向量空间、线性变换、型论、不变量论以及张量代数等。

代数学的另外一个重要内容——多项式理论是由高次方程求根问题发展起来的。至19世纪上半叶，"求代数方程的根"一直是古典代数学的中心问题。

和一次方程组的情形不同，一元高次方程的求解要困难得多，人们着眼于寻求一元高次方程的代数解法。所谓代数解法，即前面提到的求根公式（由方程的系数通过加、减、乘、除、乘方和开方6种运算把根表示出来）。这件事前后经历了300多年，前一节讲过的16世纪的几位意大利数学家做出了很大的贡献。

在研究解方程的过程中，卡尔达诺引入了复数，认识到一元三次方程有3个根，一元四次方程有4个根，并且指出方程的复数根是以共轭的形式成对出现的。大约200年后，法国数学家达朗贝尔于1746年首先给出代数学基本定理，其内容是：设

$$f(x) = x^n + a_1 x^{n-1} + a_2 x^{n-2} + \cdots + a_{n-1}x + a_n \tag{1}$$

是一个一元 n 次多项式，它的系数 a_1，a_2，…，a_{n-1}，a_n 是实数或复数，那么一元 n 次代数方程 $f(x) = 0$ 至少有一个实根或复根。

这条定理断言：一元 n 次代数方程在复数域中有 n 个根。事实上，设 x_1 是方程 $f(x) = 0$ 的一个根，用 $x - x_1$ 去除 $f(x)$，因为除式是一次的，所以余式就是一个常数 r，从而有

$$f(x) = (x - x_1)f_1(x) + r \tag{2}$$

由多项式带余除法可知，式（2）中的 $f_1(x)$ 是一个 $n-1$ 次多项式。将 x_1 代入式（2），有

$$0 = f(x_1) = (x_1 - x_1)f_1(x_1) + r = r$$

于是

$$f(x) = (x - x_1)f_1(x)$$

这就是说，$x - x_1$ 能整除 $f(x)$。同理，设 x_2 是方程 $f_1(x) = 0$ 的根，则有

$$f_1(x) = (x - x_2)f_2(x)$$

其中的 $f_2(x)$ 是一个 $n-2$ 次多项式，对 $f(x)$ 进行 n 次分解后，就得到

$$f(x) = (x - x_1)(x - x_2) \cdots (x - x_n)$$

这里的 x_1，x_2，…，x_n 为实数或复数，是一元 n 次代数方程 $f(x) = 0$ 的 n 个根。

达朗贝尔当时对代数学基本定理的证明不够完善，1799 年年仅 22 岁的高斯在其博士学位论文中给出代数学基本定理的第一个严格的证明。高斯不愧是"数学王子"，他的博士学位论文的水准确实很高。如此一来，一元高次方程根的存在性问题被彻底解决了。

一元四次方程被解出后，许多数学家相信更高次方程的求根公式也存在，并寻找这样的公式。1770 年，法国数学家拉格朗日从研究二、三、四次方程求解的规律入手，引入了排列与置换的概念，写出了一篇题为《关于代数方程解法的思考》的长文，首次指出高于四次的代数方程可能没有代数解法，但没有给出证明。大数学家高斯也曾有类似的预言，但同样没有给出证明。1824 年，挪威数学家阿贝尔证明了高于四次的一般形式的代数方程没有代数解法，即无求根

公式，但未说明哪些方程有根式解。

为什么四次及四次以下的代数方程有代数解法，而高于四次的一般方程就没有代数解法呢？1829 年，法国青年数学家伽罗瓦受以前研究者的启发，考虑已知的方程根的置换构成的某个集合，建立了伽罗瓦群。他开创的伽罗瓦理论包含了方程能用根式求解的充分必要条件。

伽罗瓦群的所有重要性质（如可解性等）实际上不依赖被置换对象的固有特征，从而产生了"抽象性"的概念，开创了代数学领域里的一个崭新分支——群论。这是研究"代数体系"的开端。代数体系，简单地说，就是带有运算的集合。人们在研究数的运算时发现这些运算遵循一些规律，例如交换律、结合律、分配律等。数学家赋予具有某些运算并满足一定规律的集合（不一定是数集）一些特殊的名称（如"群""环""域"等），从而建立了不同的代数体系。例如，全体整数的集合 $\mathbb{Z}$ 在加法运算下构成一个群，并且对加法及乘法运算构成一个环。全体有理数的集合 $\mathbb{Q}$、全体实数的集合 $\mathbb{R}$ 和全体复数的集合 $\mathbb{C}$ 均构成一个域。

代数的早期形式大多是用语言描述的，现行的符号形式是到 17 世纪才定下来的。作为各个数学分支不可分割的组成部分，代数在诸多科学研究和应用领域得到了广泛应用。在过去的三个世纪中，代数在两条轨道上发展，其中一条是走向更高层次的抽象理论，另一条是走向具象的计算方法。

19 世纪 20 年代和 30 年代，著名的法国布尔巴基学派采用公理化方法，运用数学结构主义思想，认为数学的研究对象就是附加了数学结构的集合，并将全部数学内容归结为三种母结构，即代数结构、序结构和拓扑结构。

①代数结构：由离散性对象加运算过程构成的结构系统，如群、环、域、代数系统、范畴、线性空间等。

②序结构：由实数集合中任何两个实数都可以比较大小而引出的结构系统，如半序集、全序集和良序集等。

③拓扑结构：提供了对空间邻域、极限及连续性等直观概念的抽象数学表述的结构系统，如拓扑空间、紧致集、列紧空间、连通集以及完备空间等。

上述三种结构作为母结构，可以导出各种子结构，还可以有各种交叉，经过相互组合、分化，构筑起数学大厦。抽象理论一经正式形成就获得了一股势不可当的力量，冲破了原来的具体领域而转到抽象结构上来。代数学领域中的许多学科，如代数数论、代数几何学、代数表示论等都借助抽象代数的力量如雨后春笋般快速发展起来。

尽管代数学是基础学科，在抽象的道路上越走越远，但是不可否认它的重要应用。近年来，在电子计算机和信息通信的革命性大潮的影响下，代数学中离散数学的应用发展更是惊人。群论在编码和加密理论中非常重要，现在信息技术中至关重要的信息安全问题的解决离不开代数学的支撑，代数学成为了编码和密码学的基础。

代数学对 20 世纪现代物理学的影响是深远的。20 世纪物理学中发生的两次伟大革命是相对论和量子理论的出现，而它们都建立在 19 世纪的纯代数概念的基础上。在狭义相对论中，利用洛伦兹变换，可以将一个参照系下的时间和空间的测定"转化"成另一个参照系下的时间和空间的测定。这些变换可以建模为特定的四维空间坐标系中的旋转，即李群。在广义相对论中，因为物质和能量的存在，这一四维时空被扭曲。为了对此做出恰当的解释，必须依靠代数几何学中的张量演算。

21 世纪，物理学家正在研究更奇怪和大胆的物质理论，其中最大胆的理论要统一相对论和量子力学。这些研究中至少有一部分要借助 20 世纪的代数学或代数几何学的研究成果。

这又一次让我们见证了物理学与数学长久而亲密的伙伴关系。

2.4　近世代数的"双子星"

前面已经讲过一元高次方程的求根公式是古典代数学的中心问题，备受关注，而这个难题的终结者是两位青年才俊。

在 16 世纪意大利的卡尔达诺和费拉里给出一元三次和四次方程的求根公式

后，许多数学家相信更高次方程的求根公式也存在，并致力于寻找这样的公式。18 世纪末，高斯给出了代数学基本定理的严格证明，解决了一元高次方程根的存在性问题，这时如何求根就成了关键。对于一元五次方程 $ax^5+bx^4+cx^3+dx^2+ex+f=0$，按照卡尔达诺和费拉里的思路做变换 $x=y-\dfrac{b}{5a}$，就得到缺项的五次方程 $y^5+my^3+ny^2+py+q=0$，接着寻找某些辅助变量，将缺项的五次方程降为四次方程，这样就可以利用四次方程的求根公式了。许多人前赴后继地努力着，但经过无数次尝试之后只能无奈地面对失败。

尽管大数学家拉格朗日和高斯都曾预言过高于四次的代数方程可能没有根式解，但是他们只展现了智者的预言本领，并没有给出令人信服的严谨证明。19 世纪上半叶，阿贝尔和伽罗瓦这两位天才诞生，他们似乎命中注定是破解代数方程根式解谜底的英雄，是代数学历史上熠熠生辉而又令人唏嘘不已的双子星。

尼尔斯·亨利克·阿贝尔可以说是迄今为止挪威历史上最伟大的数学家。1802 年，阿贝尔出生于一个贫困的牧师家庭，他从小酷爱数学且悟性极高，怎奈一生穷苦困顿。18 岁时他在奥斯陆大学读书期间，父亲去世，他需要承担供养家庭的重任，还好得到了老师的资助。大学毕业后，他以代课维持生活，但始终没有放弃热爱的数学研究。1824 年，他发表论文《一元五次方程没有代数一般解》，证明了高于四次的一般形式的代数方程无根式解。阿贝尔在方程理论、椭圆函数方面都取得了开拓性的研究成果，但造化弄人，由于种种原因，生前他的成就没有被重视。直至27 岁因肺结核病故后，他的才能和诸多科研成果才得到承认，荣誉接踵而至，柏林大学给他提供数学教授职位，法国科学院授予他大奖，可惜此时斯人已逝。今天大学的近世代数和分析学等教科书中有许多以阿贝尔的名字命名的数学概念、定理等，这是对这位伟大数学家留下的诸多数学思想的致敬。

阿贝尔

瑞典和挪威政府曾经有一段时间（1814—1905）结成联盟。大名鼎鼎的诺贝尔的祖国是瑞典，因此阿贝尔也就可以算是诺贝尔的同胞了。诺贝尔奖没有设数学奖，据传这是因为诺贝尔的情敌是数学家。对于诞生了数学家阿贝尔的挪威来说，这怎么也是一种遗憾啊！2001 年，为了弥补这一缺憾，更是为了纪念杰出的数学家阿贝尔即将到来的 200 周年诞辰，挪威政府设立了国际数学大奖——阿贝尔奖。

阿贝尔的研究成果使得数学家近 300 年来寻求高于四次的一般方程求根公式失败的原因有了理论依据。但与此同时，人们也发现有些方程（如 $x^5 = 1$）确实有根式解。因此，一个很自然的问题是：方程满足什么条件时可以求出根式解，满足什么条件时不可以求出根式解？

另外，为什么四次及四次以下的代数方程有根式解，而高于四次的一般方程就没有根式解呢？只有把这个问题回答清楚，古典代数学的中心问题才算彻底解决了。这表明人们不但知道了"是这样"，还知道了"为什么是这样"，也就是知其然且知其所以然。这时，另一位青年数学家法国的伽罗瓦横空出世，但当时人们并未意识到这是一位了不起的天才。

法国给人们的印象大多是一个有着普罗旺斯迷人的薰衣草和塞纳河畔的悠扬琴声、沐浴在埃菲尔铁塔的柔和灯光下的浪漫之都。伽罗瓦就生活在这样的一个国度，骨子里注定散发着法国人特有的气质，而最终他也成为了数学史上最浪漫而又悲情的数学家。

1811 年，埃瓦里斯特·伽罗瓦出生于巴黎的一个富裕的知识分子家庭，从小由母亲负责教育，12 岁进入正规高中就读，16 岁开始研究数学。伽罗瓦注定被孤傲狂放、浪漫偏执的性格所害。他报考巴黎综合理工学院时，拒绝回答考官提出的简单问题，并把黑板擦扔到考官的头上，结果可想而知。18 岁时，伽罗瓦进入巴黎高等师范学校。在此之后，他曾两度因政治上的狂热而被捕入狱。在狱中时，他仍抓紧时间刻苦钻研数学。第二次出狱后不久，由于和一个舞女的爱情纠葛（据传其中也有警方的挑拨），伽罗瓦与一位擅长射击的军官进行了毫无胜算的决斗，不幸腹部中弹，流血过多而离世，年仅 21 岁。

1829 年，伽罗瓦在熟读了拉格朗日和阿贝尔的论文之后深受启发。志向高远的他一心想的是寻找一种统一的方法讨论能否用根式求解一元高次方程，即在一般的理论框架下研究这个问题。

对于已知的方程，伽罗瓦考虑它的根的置换构成的某个集合，说明这个置换集的某些性质能揭示方程根的内在特征，即这些性质对方程是否存在代数解法起决定作用。于是，伽罗瓦便开始对这个置换集进行独立的研究，这个置换集后来被称为伽罗瓦群。他证明了如果一个代数方程可用根式求解，则相应的伽罗瓦群是一个可解群。这个结果的一个推论是：对应于一般形式的 n 次代数方程的伽罗瓦群，只有当 $n=1$，2，3，4 时才是可解群。

伽罗瓦

在伽罗瓦去世约 40 年后，他的研究成果才被世人公认，后人称之为伽罗瓦理论。伽罗瓦理论包含了方程能用根式求解的充分必要条件。至此，困扰了数学家长达数百年之久的古典代数学的中心问题得以终结，代数方程的根式可解性是由这个方程的伽罗瓦群的可解性决定的。因此，五次及五次以上的代数方程不存在求根公式。伽罗瓦理论还给出了能否用直尺和圆规作图的一般判别法，从而圆满地解决了古典代数学的一些难题。

伽罗瓦理论被公认为是 19 世纪最杰出的数学成就之一，开辟了全新的研究领域，以结构研究代替计算，将思维方式从偏重计算研究转向用结构观念进行研究，使得抽象代数学迅速发展，并对近代数学的形成和发展产生了巨大的影响。同时，这种理论对物理学、化学等自然科学，甚至对于 20 世纪结构主义哲学的产生和发展都产生了深远的影响。

相对于已经十分不幸的阿贝尔，伽罗瓦的数学研究之路更加曲折多舛。1829 年，伽罗瓦提交有关代数方程的论文给法国科学院。这篇论文由科学院院士柯西审理，但柯西并未当回事。他将这篇论文带回家压在一堆资料中，然后再未找到。1830 年，伽罗瓦提交了另一篇有关代数方程的论文。这篇论文由傅里叶负责审理，可惜傅里叶不久逝世，这篇论文也随着遗失。1831 年，伽罗瓦重新写的关于方程根式求解条件的论文由泊松审理，泊松认为完全不能理解，要其详细说明。1832 年，在与人决斗的前夜，伽罗瓦给朋友写信。他预料到"已经没有时间了"，遂仓促地把生平的数学研究心得扼要写出，并附以论文手稿作为说明。第二天，他便因决斗而死。1846 年，刘维尔在《纯粹与应用数学杂志》上编辑发表了伽罗瓦的遗作。1870 年，约当全面清晰地阐明了伽罗瓦的工作，自此伽罗瓦的工作得到了完全承认。

伽罗瓦的那些保存下来的文献仅有 60 多页，但历史上没有人像他一样以篇幅如此短小的著作赢得如此高的荣誉。德国近代数学家外尔曾评价说："伽罗瓦的论述在好几十年中一直被看成'天书'。但是，它后来对整个数学的发展产生了愈来愈深远的影响。如果从它所包含的思想之新奇和意义之深远来判断，它也许是整个人类知识宝库中价值最大的一件珍品。"

阿贝尔和伽罗瓦都是天赋异禀，特别年轻时在数学研究的前沿问题上取得了突破，也都英年早逝，生前缺少关注，命运坎坷，而离世后声名远播。他们恰似流星划过夜空，却留下了不一样的绚烂。这又一次让我们不得不感慨：自古英雄出少年，从来纨绔少伟男！

时间才是最伟大的裁判，阿贝尔和伽罗瓦也许能想到自己的研究成果对现代数学的重要意义，也许并没有想到，但那又有什么关系呢？无谓生前身后名，且以短暂书永恒！

2.5　哈密顿的"非交换"

方程 $x^2+1=0$ 的解被数学家用"i"表示，作为虚数单位，代表一个与实数不同的虚幻的数。它不存在于实轴上，而是存在于一条和实轴垂直的、被称为虚轴的数轴上。接着，数学家将"$a+bi$"（其中 a 和 b 为实数）称为复数，因为它包含两种数——实数和虚数，具有"复合"的含义。这种表示形式的复数有了具体的几何意义，它可以表示横坐标为 a、纵坐标为 b 的点，也就是笛卡儿平面直角坐标系中的点（a，b）。同时，复数也可以表示起点是原点 O（0，0）、终点是 P（a，b）的平面向量。

复数的具体几何解释消除了人们曾有的虚幻感和神秘感，而对这一成果做出重要贡献的当数威廉·罗文·哈密顿（1805—1865）。哈密顿出生于爱尔兰都柏林，自幼天资聪颖，是个出了名的神童。他在 13 岁之前就掌握了 10 多种语言，15 岁时开始阅读牛顿的《自然哲学的数学原理》以及拉普拉斯的《天体力学》（要知道这两本书可都是皇皇巨著），17 岁时因写出的研究报告而被爱尔兰皇家科学院的院士评价为这个年龄的"第一数学家"。10 年后，27 岁的哈密顿跻身于爱尔兰皇家科学院院士之列。5 年后，哈密顿因其学术成就与声望被任命为爱尔兰皇家科学院院长。哈密顿不仅拥有智慧，更不缺乏勤奋拼搏的精神。他的思维活跃，著述等身。哈密顿在所研究的数学、光学和力学等领域都做出了开创性的贡献。对于哈密顿量、哈密顿原理、哈密顿函数、哈密顿算子、哈密顿–雅可比方程等以他的名字命名的数学和物理学名词，大学理工科的学生并不陌生。

哈密顿

二维复数的引进提供了表示平面向量及其运算的代数方法。与数轴上的数一样，复数也可以进行加、减、乘、除运算。人们不一定要以几何方式进行这些运算，但能够以代数方式研究它们，就像能用方程来表示和研究曲线一样。例如，对于平面上的两个力的合力，可以根据平行四边形法则以几何方式来表示，也可以用向量加法的形式来表示。例如，2+3i 与 4+5i 之和为

$$(2+3i)+(4+5i)=6+8i。$$

在乘法运算中，一个正数 c 乘以 i 意味着起点是原点 O（0，0）、终点是 $C(c，0)$ 的平面向量沿逆时针方向旋转 $90°$；如果用 i^2 乘以正数 c，这个向量就会沿逆时针方向旋转 $180°$，得到的新向量的方向与原来向量的方向相反，这就解释了 $i^2=-1$ 的原因，同时也表明了单位复数（长度为 1 的复数）的乘法可以

达到二维旋转的效果。

有了用二维复数表示 90° 旋转的简洁方法，处理电压、电流、电场、磁场等涉及振动或波动频率出现 90° 相位差的问题时就方便了。同样，在航空航天工程领域，利用复数可以简化机翼升力的计算；在土木工程和机械工程领域，复数可以用于分析建筑物的振动情况。

二维复数的应用受到维数的限制，因为复数仅用来表示平面上的向量。若有几个力作用于同一个物体上，而这些力不在同一个平面上，那么处理这些力时就需要用到复数的一个三维类似物。尽管我们能用点的笛卡儿坐标 (x, y, z) 来表示从原点到该点的向量，但不存在三元数组的运算来表示这种向量的运算（数学家已经证明）。要寻找二维复数的三维类似物，就要求这些运算和二维复数的情况一样，表面看来必须包括加、减、乘、除，而且满足通常的结合律、交换律和分配律，从而使代数运算能自由而有效地进行。

数学家开始寻找所谓的三维复数及其代数。1843 年，哈密顿经过 10 多年的思考，终于创造了二维复数的空间类似物——哈密顿四元数。根据哈密顿的记述，他于 1843 年 10 月 16 日与妻子在都柏林的皇家运河边散步时，突然迸发了灵感的火花。哈密顿立刻将四元数的形式刻在附近的布鲁穆桥（现称为金雀花桥）上，这也被某些人调侃为历史上最著名的涂鸦。

哈密顿四元数（简称四元数）是形如 $a+bi+cj+dk$ 的数，其中 a，b，c，$d \in \mathbb{R}$，$i^2=j^2=k^2=-1$，$jk=i$，$kj=-i$，$ki=j$，$ik=-j$，$ij=k$，$ji=-k$。

从上述定义中，可以看出四元数有两个特点：第一，它包含四个分量，而不是三个分量；第二，它不满足乘法交换律。

四元数中的虚数单位 i，j，k 起着 i 在复数中所起的作用。四元数的实数部分称为四元数的数量部分，其余是向量部分。向量部分的三个系数是点 P 的笛卡儿直角坐标，i，j，k 是定性单元，在几何上它们的方向分别沿着三个坐标轴。

为了便于记忆四元数的乘法规则，可以按照几何解释将 i，j，k 视为一个圆周上的三个点，每个符号乘以下一个符号刚好得到第三个符号，逆时针相乘时得到正的结果，顺时针相乘时得到负的结果。

对于任意两个四元数 $a_1+b_1i+c_1j+d_1k$ 和 $a_2+b_2i+c_2j+d_2k$，其加法和乘法的定义如下。

$$(a_1+b_1i+c_1j+d_1k)+(a_2+b_2i+c_2j+d_2k)=(a_1+a_2)+(b_1+b_2)i+(c_1+c_2)j+(d_1+d_2)k$$
（1）

$$(a_1+b_1i+c_1j+d_1k)(a_2+b_2i+c_2j+d_2k)=a_3+b_3i+c_3j+d_3k \qquad （2）$$

这里假定人们熟知的乘法的代数规则都有效，除了计算 i，j，k 的乘积时交换律不再满足，代之以定义中给定的规则。

对于四元数 $q=a+bi+cj+dk$，它的模定义为 $\|q\|=a^2+b^2+c^2+d^2$。如果令 $q'=a-bi-cj-dk$，则有 $qq'=q'q=\|q\|$，q 的逆定义为 $q^{-1}=q'/\|q\|$。

实数的乘法以及复数的乘法都满足交换律，而四元数是复数的不可交换的延伸物，十分新奇，许多数学家一时难以接受。若把四元数的集合看成多维实数空间，一个四元数就代表一个四维空间并构成除环（除了不保持乘法的交换律外，除环与域一样）。特别地，乘法的结合律仍旧存在，非零元素仍有逆元素。这样，一种新型代数就诞生了！

四元数这种新 "数" 包含四个分量，后来哈密顿在几何的基础上给出了合理的解释：将四元数的向量部分 $bi+cj+dk$ 等同于三维空间中的点 $(b，c，d)$，这样就可以用四元数描述向量的三维旋转，而旋转正好是复数的关键性质。另外，四元数的数量部分 a 与点 $(b，c，d)$ 一起描述了向量的伸缩。也就是说，四元数能通过旋转、伸长或缩短将一个向量变成另一个向量。

在实际生活中，做事情的顺序往往很重要，先做与后做的结果常常是不同的。因为与我们的直觉相抵触，所以乘法交换律并没有得到广泛的认可，尤其是物理学家对自然界中的规律不服从交换律有着更为深刻的理解。在量子力学发展的初期阶段，德国著名物理学家海森堡发现了一条和人们的直觉极不相符的重要定律——著名的海森堡不确定性原理。这条原理的内容是：若用 p 表示一个粒子的动量，用 q 表示这个粒子的位置，那么 $p×q≠q×p$。试想一下，如果自然界中没有这种神奇的不可交换律，而是可以随意交换，先后顺序无关紧要，那么这个世界可能就会乱套，原子会毁灭，万事万物（包括我们人类）都不可能存在。

对于代数而言，四元数具有不可估量的重要性。一旦数学家体会到可以构造一个有意义的、有效的、有用的"数"系，它可以不具有实数和复数的交换性质，那么他们就可以进行更自由的思考，甚至更偏离实数和复数的通常性质。年轻的英国数学家凯莱受到哈密顿发现四元数的启发，创造了八元数（凯莱数）。越来越多的数学家接受了这些常见运算规则之外的衍生结果。到了 20 世纪 40 年代，人们已经相信存在一维、二维、四维和八维的虚数系。根据翻倍的规则，能否进一步建立十六维的代数系呢？经过多年的努力，数学家给出了答案：实数、复数、四元数、八元数是仅有的可以进行加、减、乘、除运算的系统。因此，不可能建立十六维的代数系。

至此，四元数牺牲了交换律，八元数牺牲了结合律，十六元数的特性将更少，在数学中也就更加没有意义。所以，目前四元数的应用最多，在电动力学与广义相对论中都有广泛的应用。

更令人惊奇的是，在计算机时代，四元数找到了自己的价值。在三维几何的旋转计算中，四元数比矩阵更有优势。因此，在机器人技术、计算机视觉和图像编程领域，四元数都是极为重要的工具。哈密顿的成就帮助人们建立了计算机产业。

2.6　时空的语言

时空是什么？相信很多人都思考过这个问题。

就我们所感知的空间而言，应该有前后、左右和上下三个维度，所以在立体几何中，当要定位空间中的一个点时，需要使用三维坐标。而时间在很长时期内是被看成自成一体的。先秦时期的尸佼所写的《尸子》提出"四方上下曰宇，往古来今曰宙"，其中"四方上下"指的是三维空间，而"往古来今"说的就是时间。作为西方最伟大的科学家之一，牛顿认为时间和空间是脱离物质的客观存在，相互间没有必然的联系。在中西方的先贤看来，空间与时间相互独立地构成了我们所处的宇宙。

后来出现的麦克斯韦的电磁模型对牛顿的绝对时空观提出了质疑，19 世纪末进行的迈克耳孙–莫雷实验也表明并不存在牛顿所假设的绝对参考系。由麦克斯韦方程组可以推知，光在任何惯性系下总是以相同的速度传播，这说明时间与空间并不是彼此独立存在的。

1905 年，爱因斯坦提出狭义相对论，他在光速不变的前提下把光速作为一个无法被超越的极限，将时间和空间置于统一的理论框架下考虑。时间在宇宙中的度量作用慢慢显现出来。爱因斯坦的数学老师、德国数学家闵可夫斯基提出了所谓的"时空"概念，将时间纳入到宇宙的维度当中，于是我们生活的宇宙变成了时空结合的 4 个维度，这就是现在大家熟悉的四维空间的概念。

那么，这 4 个维度之外是否还有其他维度呢？为了统一 4 种相互作用力、调和量子力学和广义相对论的矛盾而发展出来的超弦理论认为，我们所处的宇宙共有 10 个维度，除了我们能够感知到的 4 个时空维度外，其余 6 个维度蜷缩在普朗克长度之下，这是我们完全无法想象的。超弦理论的提出将数学的作用体现得淋漓尽致。因为数学可以超脱人的直觉来研究抽象的形式与关系，所以数学家不必拘泥于现实，仅靠演绎推理就可以随心所欲地构造出新的研究对象。虽然我们的直观认识和想象局限于四维时空之内，但仍然可以构造更高的维度并推导、研究其性质。在数学家的眼中，不只是 4 维、5 维、10 维……100 维、1000 维，甚至无穷维的空间都是可以构造和研究的。

如果使用这种数学语言和工具来研究和描述时空乃至宇宙，就有必要介绍相应的数学概念，具体说一说在数学上什么是空间，什么是维度。为了不过分增加阅读难度，下面仅以平直的时空所对应的线性空间为例进行介绍。

中学生学习过向量的概念，向量是有大小和方向的量，例如平面上的向量就是平面上的有向线段。我们还知道向量与位置无关，就是说它可以自由选择起点。在平面上建立直角坐标系，把任意一个向量的起点都平移到坐标原点，那么此时向量对应的有向线段的终点坐标就可以唯一地表示这个向量。也就是说，平面上的向量与二元数组一一对应。例如，向量 $\boldsymbol{\alpha} = (1, 2)$ 就是平面上起点为原点而终点为 (1, 2) 的有向线段所对应的向量。把二元数组中出现的数字 2 作为平面上的向量和平面的维数，后面会对维数做出更好的解释。这样，平面就是一个二维线性空间，是所有二维向量的集合。同理，立体空间中的向量可以用三元数组来表示。立体空间就是一个三维线性空间，是所有三维向量的集合。更一般地，设 n 为正整数，数学里定义 n 维线性空间为 n 维向量的全体。数学家研究空间理论的核心思想就是把空间看成向量的集合。这里的 n 维向量的数学形式就是 n 元数组（也称为向量的坐标）。这种定义方式完全是由大家熟悉的平面和立体空间抽象推广而来的。

线性空间与生俱来地带有两种线性运算——加法运算与数乘运算，这也是整个空间理论的基础。设 $\boldsymbol{\alpha}$ 和 $\boldsymbol{\beta}$ 为两个 n 维向量，则二者的加法运算结果就是将 $\boldsymbol{\alpha}$ 和 $\boldsymbol{\beta}$ 的对应分量加起来得到一个新的 n 维向量 $\boldsymbol{\alpha}+\boldsymbol{\beta}$。设 k 为任意数，k 与 $\boldsymbol{\alpha}$ 的数乘运算结果就是将 k 乘到 $\boldsymbol{\alpha}$ 的每一个分量上，得到一个新的 n 维向量 $k\boldsymbol{\alpha}$。可以发现，当 $n=2$，3 时，加法运算就是平面或立体空间中向量的合成，而数乘运算则为向量的 k 倍的放缩。因此在推广时，自然要求高维向量的线性运算也满足二维和三维向量合成与放缩的运算律，如交换律、结合律、分配律等。

这些运算律的意义在于它们帮助我们揭示了线性空间的结构。平面上有向量基本定理，它说的是两个不共线的向量可以表示平面上的任意一个向量。立体空间中也有类似的结果，三个不共面的向量可以表示立体空间中的任意一个向量。将这种平面上的"不共线"与立体空间中的"不共面"性质推广到 n 维线性空间里，就是"不共 $n-1$ 维子空间"。一组 n 维向量不共 $n-1$ 维子空间，就是说这组向量通过加法运算和数乘运算可以表示出 n 维线性空间中的任何一个 n 维向量。在二维平面上，一个向量一定共自己所在的直线；在立体空间中，两个向量一定共一个平面。类似地，在 n 维线性空间中，少于 n 个的向量一定共一个 $n-1$ 维子空间。换句话说，在 n 维线性空间中至少需要 n 个向量才能不共 $n-1$ 维子空间，这样的 n 个向量称为 n 维线性空间的一组基。举例来说，n 个 n 维向量 $(1, 0, \cdots, 0)$，$(0, 1, \cdots, 0)$，$\cdots$，$(0, 0, \cdots, 1)$ 构成了 n 维线性空间的一组基（称为自然基），其中任何一个向量都是一个坐标轴上的单位向量。n 维线性空间里的任何一个向量都需要 n 个坐标轴上的分量来唯一确定，这就是称此线性空间和其中向量的维度为 n 的根本原因。

我们通过爱因斯坦的狭义相对论来举例说明物理学家是如何通过线性空间来研究和描述时空的。在狭义相对论中，空间和时间并不相互独立，而是一个统一的四维时空整体，不同惯性参考系之间的变换关系式与洛伦兹变换在数学表达式上是一致的。洛伦兹变换可以看作四维线性空间中的坐标变换，其一般的数学形式是

$$\begin{cases} x' = \dfrac{x-vt}{\sqrt{1-\dfrac{v^2}{c^2}}} \\[2em] y' = y \\[1em] z' = z \\[1em] t' = \dfrac{t-\dfrac{vx}{c^2}}{\sqrt{1-\dfrac{v^2}{c^2}}} \end{cases}$$

其中，x，y，z，t 分别是惯性坐标系 S 下的坐标和时间，x'，y'，z'，t' 分别是惯性坐标系 S' 下的坐标和时间，v 是 S' 坐标系相对于 S 坐标系的运动速度，其方向沿 x 轴。这种形式可以很好地展示出空间与时间的相关关系，但缺少对二者综合而整体的把握。如果我们用时间 t 乘以一个因子 ic（这里光速 c 具有速度量纲），那么 ict 就有了长度的量纲（不过它的数值是虚的），可以作为与三个空间维度相并列的第四个维度，也就得到了闵可夫斯基的四维时空。

2.7 代数对象的"快照"

与许多重要的数学理论在诞生时的遭遇类似，当表示论在 19 世纪后期出现时，许多数学家质疑这种在当时看来"非正统"的观点，觉得它并不能够带来什么新的发现。

这种现象其实很好理解，因为一种数学理论往往需要与其他数学理论广泛而深刻地联系起来并互相促进发展，才能体现出其重要性和意义。表示论也不例外。起初的时候，人们很难察觉它的有用之处，但随着时间的推移，表示论对现代数学中许多重要发现的取得起到了关键作用。

最典型的例子就是 1994 年怀尔斯对费马大定理的证明。在历代数学家一系列接力式的工作之后，最终怀尔斯证明了"方程 $x^n + y^n = z^n$ 不存在正整数解，其中 n 为大于 2 的正整数"。怀尔斯的做法是：假设这样的正整数解存在，那么就可以得到一条对应的椭圆曲线，而由这条椭圆曲线的基本结构可以诱导出一个具有一些特殊性质的群。怀尔斯希望证明这些特殊的性质与这个群的存在性是矛盾的，进而说明这个群不可能存在，但直接证明困难得超乎寻常。怀尔斯通过研究这个群的一类模表示，证明这类模表示是不存在的，从而否定了群的存在，最终推出费马方程的解也是不存在的。

表示论获得重视和发展的原因在于它遵循了数学上的一条非常重要的基础原则——化简，就是将复杂的未知对象转化、分解成简单的已知对象，用熟悉的结构去理解不熟悉的结构。表示论研究的是这些代数结构上的"向量空间"（也就是模），将抽象代数结构中的元素"表示"成向量空间上的线性变换，借以研究结构的性质。进一步说，表示论将要研究的代数对象的元素表作一类比较具体的矩阵，并将原结构中的代数运算对应到矩阵加法和乘法运算上，从而使抽象的代数对象更加具体。矩阵和线性变换的理论很好理解，因此我们用熟悉的线性代数对象表示更抽象的对象有助于研究其性质，有时还可以简化更抽象的理论计算。这种方法被应用在群、结合代数及李代数等多种代数结构上，研究有限群的表示、结合代数的表示以及李代数的表示，甚至抽象到模表示等。下面我们以其中肇始最早、用途最广的群表示论为例做简要介绍。

现代数学在研究有限群的结构时遵循的思路一般分为两种。

第一种思路是直接进攻——研究子群。什么是一个群的子群呢？若群 G 中的子集 H 在原有的群运算下仍是一个群，则称 H 为 G 的子群，记作 $H \leqslant G$。用群 G 中任意的元素 g 去乘子群 H 中的元素，可以得到子群 H 的一个陪集 gH。

容易看出子群 H 与其陪集作为集合时 "大小" 是一致的，它们共同给出了群 G 的一个划分。拉格朗日定理进一步指出，有限群 G 的子群的阶数（元素个数）一定整除 G 的阶数。这是对群的结构的正面进攻取得的第一个战果，并且可以由此得到许多好的结果，比如素数阶群一定没有非平凡的子群，因此它必然是循环群。

进一步利用陪集所给出的划分，代数学家希望找到一个性质更好的子群 N——正规子群（记作 $N \triangleleft G$），使得它的所有陪集仍可以构成一个群 G/N——商群，这里商群的运算是由群 G 的运算诱导而来的。群 G 与其商群 G/N 的结构联系通过群同态基本定理给出，正规子群 N 是同态的核。因此，只要清楚群 G 的正规子群 N 和商群 G/N 的结构，就可以还原出群 G 的结构。

但是，只按照定义去寻找正规子群是很困难的。最简单的情形应该是群 G 没有非平凡的正规子群，也就是说 G 只有单位元群且 G 本身是正规子群，这样的群称为单群。

再复杂一些的情形就是考虑 G 不是单群，也就是 G 至少有一个非平凡的正规子群。如果 G 的正规子群仍有正规子群，依次考虑下去，就形成了一个正规子群序列。当 G 是有限群时，有 $\{e\} = G_n \triangleleft \cdots \triangleleft G_2 \triangleleft G_1 \triangleleft G_0 = G$，其中 e 为幺元，G_{i+1} 是 G_i 的正规子群。可以证明，序列中的正规子群可以选择得足够 "大"，使得中间涉及的每个商群 G_i/G_{i+1} 都尽可能地 "小"，也就是 G_i/G_{i+1} 都是单群。这种正规子群序列称为群 G 的合成序列。在深入研究一个有限群 G 时，经常会发现一个命题对有限群 G 成立，当且仅当对它合成序列中的有限单群 G_i/G_{i+1} 也成立。这也是为什么有限单群吸引了很多数学家对其进行深入的研究。目前，有限单群的分类工作已完成，对其定理的证明长达 5000 多页，堪称代数研究中的一部 "天书"。

显然有限群的合成序列与单群对有限群的结构有着重要意义，但二者本身的确定并不容易。然而如果需要每次都直接面对一个群的全部结构，那也太难了。要是能根据需要，每次都部分地了解群的结构，那么通过多次了解，也可以搞清楚群的结构。这就是研究有限群结构的第二种思路——群表示论。

下面将通过群在集合上的作用来说明什么是群的表示。群 G 在集合 X 上的一个作用是指一个保持 G 的结构的映射 Φ：$G \times X \to X$。若对 $\forall a \in G$，$\forall x \in X$，记 $\Phi(a, x) = ax$，则保持 G 的结构的意思可以表达为：对于任意的 $x \in X$ 和任意的 $a, b \in G$，有 $ex = x$，$(ab)x = a(bx)$，其中 e 为群 G 的幺元。作用 Φ 诱导了一个群同态 φ：$G \to S(X)$，其中 $S(X)$ 是 X 的对称群（也就是 X 的置换全体构成的群）。这个群同态也称为群 G 关于集合 X 的一个表示。可以很自然地看出，一个群表示同样可以诱导一个群作用，只需要通过对称群中的置换给出。还需要注意的是，若群 G 和作用的对象 X 有更多的结构表示，则相应的表示也会要求更强的定义。

对于给定的群 G，通过一个关于集合 X 的表示，群 G 中的每个元素都与集合 X 的对称群中的一个置换对应，而通过研究群 G 在各种集合上的不同表示，就可以了解群 G 本身的结构。想象一下我们现在发现了一个潘多拉魔盒（群 G），想了解其结构，所以使用各种探测器，如红外探测器、可见光探测器、紫外探测器，甚至是粒子探测器和引力探测器（对应于不同的集合 X），从上下、左右、前后各个角度（关于 X 的不同表示）进行探测，最后综合所得到的探测结果，就可以在不打开魔盒的前提下（避免直接研究群 G 的结构的困难），间接地了解魔盒的结构（表示论的旁敲侧击）。

对有限群而言，通常考虑集合 X 是一个域 F 上的有限维线性空间 V，所研究群 G 的表示也是由 G 到 V 的一般线性群 $GL(V)$ 所给出的线性表示 φ：$G \to GL(V)$。群 $GL(V)$ 是我们熟悉的群，借助 V 上的一组基，可以通过可逆矩阵来描述 $GL(V)$ 中 V 的可逆变换，进而描述群 G 的表示并由此分析群 G 的性质。若 V 的子空间 W 在 G 的作用下不变，则称 G 关于 W 的表示为 G 关于 V 的表示的子表示。若一个表示不存在非平凡子表示，则称这个表示是不可约的；反之，则是可约的。通过马施克定理可以知道，有限群 G 的线性表示都是完全可约的，可以分解成有限个不可约表示的直和，因此对有限群表示的研究也归为对所有不可约表示的研究。这与对数的研究普遍归结为对素数的研究有着异曲同工之妙。限于篇幅，这里不再赘述。

随着表示论的进一步发展，表示的概念也得到了进一步的推广，例如范畴的表示。所表示的代数对象可被视为特定的范畴，而表示本身则是从对象范畴到向量空间范畴的函子。这种表述方式立即指向两种显然的推广：其一，代数对象可换成更一般的范畴；其二，向量空间范畴也可换成其他比较好理解的范畴。除了在代数学中的影响之外，表示论在其他方面的应用也十分广泛，包括通过调和分析阐明并推广了傅里叶分析，通过不变量理论和埃朗根纲领与几何学建立了联系，通过自守形式和朗兰兹纲领对数论产生了影响，等等。

自问世一个多世纪以来，表示论已经发展为代数学的一个重要分支，并且已成为几何学、拓扑学、数学物理和数论等众多数学领域的重要研究工具。今天，表示论的思想已经渗透到数学的方方面面。

2.8　分析学家的代数之路

本节来谈谈李群。顾名思义，李群应该是一种满足特定条件的群，"李"就是其发明者——挪威数学家索菲斯·李的姓氏，他是前面 2.4 节讲过的数学天才阿贝尔的老乡。据说早在 1899 年，李就曾因为诺贝尔奖不设数学奖而上书挪威皇家科学院建议设立阿贝尔奖。

关于李群理论的建立，其实还有一个有趣的故事，你会从中发现"群"这个东西好像跟监狱特别有缘。前面讲过群论创始人伽罗瓦当年曾被捕入狱。因为在狱中关押期间无事可做，他认真研究了关于一元 n 次方程根

索菲斯·李

式求解的伽罗瓦理论，从中提出了群论的深刻思想。李的境遇也差不多，当时也因政治事件而被捕入狱。他原本是一位分析学家，对于偏微分方程理论有着非常深入的研究。当时随着数学的发展，人们知道分析学特别是偏微分方程理论是研究流体力学的强大工具。所以，这些研究偏微分方程的人一旦被抓到，就会被拉去强迫研究弹道学，计算和预测精确的弹道轨迹。

李是一位爱好和平的数学家,他不希望自己的研究成果将来用于制造杀人武器,所以他谎称自己是代数学家。幸亏那个时候计算机技术还很落后,如果放在现在,代数学家马上就会被拉去研究密码了。在 19 世纪末,代数学还只是一种纯粹的理论,所以当他说自己是搞代数的时,就没人管了,只是把他关在监狱里。

在监狱中,他百无聊赖,想要研究点数学打发时间,但又不能在狱里研究他原来的老本行,因为一旦被人发现,还是要被拉去研究弹道轨迹。所以,他只好继续扮演代数学家的身份。在研究代数学的时候,李忽然灵机一动:既然要研究代数学,而自己的老本行是分析学,那么能不能将分析学与代数学有机地结合起来呢?

所谓有机结合,就是研究对象应该既有分析学中连续、可微与可积的特征,又具有代数学中代数运算的特征。据此,李创造出了李群。简单来说,李群满足以下三个要求。

①从代数角度看,它是一个群,具有群乘法。

②从分析角度看,它是一个具有微分结构的微分流形,其上可以做微积分。

③代数结构和微分结构并非完全独立,而是满足一定的相容性,即群乘法和求逆运算都是可微的。

众所周知,数学所研究的对象的结构越复杂,那么实际上它的性质就越丰富,而李群就是一个结合了代数和几何双重结构的数学对象,因此其性质多姿多彩。当然,这里还需要加上必要的要求,从而保证这两种结构有比较好的融合性。

李群理论建立之后,不但可以用来研究很多问题,而且李群自身事实上也是极好的数学研究对象。当年伽罗瓦把群应用于代数方程的根式求解问题,而李群不但是个群,而且具有分析与几何结构,无疑我们可以将之应用于代数方程的平移。常见的方程主要有三大类:一类叫代数方程,另一类叫微分方程,还有一类叫积分方程。而无论是微分方程中的常微分方程还是偏微分方程都与分析学有密切的关系,同时它们本身也具有一定的代数结构,所以将李群应用于微分方程的研究是非常好的方法。

据说最后索菲斯·李的朋友砸开监狱把他营救出来的时候，发现他还在纸上演算着这套理论，彼时他已经把李群的基本理论框架建立起来了。

杨振宁曾写过一首诗盛赞自己的老师陈省身先生，其中的最后两句为"千古存心事，欧高黎嘉陈"。"欧高黎嘉陈"分别指欧几里得、高斯、黎曼、嘉当和陈省身。下面讲一讲嘉当。嘉当是数学大师陈省身先生在法国时的老师，其贡献非常了不起。虽说索菲斯·李建立了李群的基本理论，但其分类问题还远没有解决。

任何一个数学对象最终都需要进行分类。数学分支中的分类问题是否得到了完美解决，是判断该数学分支是否成熟的一个重要标志。所谓的分类问题，就是需要知道数学分支中的研究对象在某种标准下大致上有多少类。比如，如果按照被 2 整除这样一个标准，你所熟悉的自然数一共分为两大类——奇数与偶数。再如，如果按照是不是代数方程的根这个标准，实数也可分为两大类：是某个代数方程的根的代数数，以及不是任何代数方程的根的超越数。而代数数又可以分成两大类，其中一类是有理数，另一类是那些开方开不尽的无理数。这是不是很有意思？

由此可知，李群的分类问题是一个急需研究的问题，而在其中做出重要贡献的人就是嘉当，可以说嘉当非常准确地把握住了李群的精髓。既然李群是一个流形，如果画幅示意图的话，它应该就是弯的，那么简化它的结构的方法就来自微积分的基本思想——线性化。可以通过研究流形在任一点的切平面或者说高维的切空间来实现"以直代曲"，即利用切空间本身是线性空间的特点和结构，反过来研究流形本身的结构。这就是嘉当研究李群的基本出发点，而这个李群的线性化空间称为李代数。嘉当通过对李代数的研究，进而研究李群的分类问题。

嘉当除了在李群与李代数上的贡献外，还进一步发展了一些高效的计算工具。比如，他引进了外微分与活动标架法。外微分本质上是微积分在代数意义上的一种推广，而活动标架则随着点在空间中的变化而变化。数学家之前使用的坐标系实际上都是固定坐标系。比如，研究一条空间曲线时，需要首先在空间中取定一个笛卡儿坐标系，此时曲线上的每个点在坐标系中都有一个坐标。这种在固定坐标系中研究曲线性质的方法只是看问题的一种视角而已。

如果将这条曲线本身看作一个空间的话，那么当你作为一个观察者沿着这条曲线运动时所看到的就不是在外围空间中的三维坐标系，而自己本身的视角就是一个坐标系。所以，要想更好地理解这条曲线，应该选取镶嵌在曲线上的、随曲线的变化而变化的坐标系（或称作标架）。在曲线论里，有一个很自然的标架，因为在曲线上几乎所有的点都有一个单位切向量，对其求导后会发现得到了一个法向量。如果这条曲线在三维空间中运动的话，还需要建立一个由 3 个两两垂直的单位向量场组成的三维标架。这可以通过刚才的切向量和法向量的外积得到，即所谓的 Frenet 标架。Frenet 标架最有趣的特点就是随着点在曲线上的运动，标架本身也在曲线的曲率和挠率的控制下不停地变化，所以这种标架叫作活动标架。

曲面上也有活动标架，即两个切向量加一个法向量。正是嘉当对曲线和曲面上的活动标架理论进行了高维的推广，他还将其与外微分进行了有机融合，最终打造成了一套研究微分几何的利器！难怪嘉当的学生陈省身先生说"嘉当毫无疑问是 20 世纪最伟大的几何学家，没有之一"。

2.9　菲尔兹奖的宠儿

本节将介绍被誉为"菲尔兹奖的宠儿"的数学分支——代数几何。在 20 世纪乃至 21 世纪的数学史中，代数几何始终处于核心地位。在数学界的最高奖之一——菲尔兹奖的得主中，大约三分之一的数学家的获奖原因都与代数几何有关，由此可以看出代数几何的崇高地位。个中原因在于该分支中有大量悬而未决的问题，而且这些难题涉及其他许多学科，这使得代数几何这一领域一直长盛不衰。

笛卡儿与费马创立的解析几何实现了数与形的完美结合，使得用代数方法研究几何问题成为数学的主要范式。但传统的解析几何的主要工具为线性代数，在处理一次直线与平面以及二次曲线与曲面时展现出了强大的威力，但对于三次及以上的代数曲线与曲面的研究就无能为力了。而这正是另一个数学分支代数几何的基本研究对象。具体来说，代数几何研究的是任意维数的仿射或射影空间中的由若干代数方程的公共零点所构成的集合——代数簇的几何特征。类似于解析几何通过引进坐标系来表示点的位置，代数几何在研究代数簇时也引进了坐标，用坐标这一有力工具开展研究。

20 世纪法国著名数学家迪厄多内将代数几何的发展过程分成如下 7 个阶段。

①前史（公元前 400 —1630）。

②探索阶段（1631—1795）。

③射影几何的黄金时代（1796—1850）。

④黎曼几何和双有理几何的时代（1851—1866）。

⑤发展和混乱时期（1867—1920）。

⑥涌现新结构和新思想的时期（1921—1950）。

⑦最后一个阶段，也就是代数几何历史上最辉煌的时期，即层和概型的时代（1951—）。

代数几何领域出现了众多菲尔兹奖得主，可谓王者辈出，其中格罗滕迪克是"众王之王"，他被誉为"20 世纪最伟大的数学家之一"。格罗滕迪克在青年时代先后师从布尔巴基学派的分析学大师、法国数学家迪厄多内和著名的泛函分析大师、法国数学家施瓦尔茨。正所谓名师出高徒，他很快就成为拓扑向量空间理论研究方面的权威。1957 年，格罗滕迪克的主要研究方向转向了代数几何和同调代数，他把勒雷、塞尔等人的代数几何同调方法和层论发展到了一个新的高度——概型理论，奠定了现代代数几何的基础。

从代数几何中发展出来的算术代数几何，是数论这一古老数学分支与代数几何相结合的典范。算术代数几何原本指法尔廷斯、奎林等关于算术曲面上黎曼-罗赫定理的一系列研究工作，现在一般指所有以数论为背景或研究目的的代数几何。在算术代数几何中，许多学科起着重要作用，并且相互交叉和渗透，其中包括数论、模形式、表示论、代数几何、代数数论、李群、多复变函数论、黎曼面以及 K 理论等。算术代数几何最高光的时刻莫过于费马大定理的证明。

前文讲过，1955 年日本数学家谷山丰和志村五郎观察到椭圆曲线与数学家了解得更多的另一类曲线——模曲线之间存在着某种联系。具体来说，所谓每一条椭圆曲线都有一个模形式与之对应指的是椭圆曲线在模 p 剩余类中所求得的解的个数与一个模形式按照傅里叶级数展开的系数之间存在一一对应的关系。这个猜想从提出历经 30 多年都没有得到证明。

1985 年，德国数学家弗雷指出了谷山–志村猜想与费马大定理的关系。他提出了如下命题：假定费马大定理不成立，则存在一组非零整数 A，B，C，使得 $A^n + B^n = C^n (n > 2)$，则用这组数构造出的形如 $y^2 = x(x + A^n)(x - B^n)$ 的椭圆曲线不可能是模曲线（不对应于一个模形式）。弗雷命题使费马大定理的证明又向前迈进了一步。1986 年，美国数学家里贝特证明了弗雷命题，于是费马大定理的证明便集中于谷山–志村猜想。

前面已经讲过，英国数学家安德鲁·怀尔斯从小就痴迷于研究费马大定理，当他得知以上研究进展后，惊喜地发现证明的关键点椭圆曲线正是自己所擅长的研究方向。于是，他面壁 7 年，全力以赴研究谷山–志村猜想。终于在 1993 年 6 月，怀尔斯宣称证明了对于有理数域上的一大类椭圆曲线，谷山–志村猜想成立。而弗雷曲线恰好属于怀尔斯所说的这一大类椭圆曲线，也就表明了他事实上证明了费马大定理。

评审专家审查怀尔斯的证明时发现了漏洞，他不得不努力修复这个看似简单的漏洞。怀尔斯和他以前的博士研究生理查德·泰勒花费了近一年的时间，利用他之前曾经抛弃的岩泽理论修补了这个漏洞，从而真正证明了谷山–志村猜想，进而最终证明了费马大定理。虽然已经 45 岁了，怀尔斯还是获得了 1998 年国际数学家大会的特别荣誉——一枚特殊制作的菲尔兹奖银质奖章。

通过这个例子，可以看出数学正在逐步走向统一。费马大定理最初来自数论，椭圆曲线作为一种特殊的曲线来自几何学，而模形式则来自分析学。分析学、代数学与几何学是纯粹数学的三大分支，它们在费马大定理的证明中得到了有机的融合。正如希尔伯特所说，费马大定理是一只会下金蛋的母鸡，毕竟这种能够像纽带一样融合多个学科的结果往往是极为深刻的。陈省身先生认为费马大定理和阿蒂亚-辛格指标定理是 20 世纪最伟大的两条定理，这是数学大师给出的超高评价！

2.10 数学概念的演化

本节谈谈在布尔巴基的结构主义视角下数学概念的进化历程。简言之，数学家采用的途径是在集合上进行新结构的添加、原结构的改进以及多结构的交叉。首先要从集合论谈起。

最初，人们认为一切集合都可以作为数学的研究对象。20 世纪初，以罗素为代表的一些数学家和逻辑学家发现事实并非如此。比如，考虑由全体集合作为元素组成的一个集合，既然它以任意集合为元素，自然也包含这个集合本身，这显然是不合理的。罗素给出了一个与之等价的通俗易懂的版本——理发师悖论（又称罗素悖论）。

罗 素

理发师悖论说在一个岛上有一个理发师，他制定了一条理发准则：只给那些不给自己理发的人理发。有一天，他在镜子前发现自己的头发长了，于是习惯性地拿起理发刀，想把自己的头发理一下。他猛然想起了自己的理发准则，举起理发刀的手在半空中僵住了。为什么呢？因为如果他给自己理发的话，那么按照准则"只给那些不给自己理发的人理发"，他就不应该给自己理发；反过来，如果不给自己理发的话，按照准则，他又该给自己理发。这种两头堵的原因在于他的准则设定本身就有问题，因此无论怎样选择都会违背准则，都不合理，理发师因此陷入两难境地。

如果用数学语言来描述上述理发师悖论的话，其实就是定义了集合 $A = \{x \mid x \notin A\}$，也就是由那些不属于集合 A 的元素构成的集合。我们任取一个元素 x，看它在不在集合 A 中，如果 x 在集合 A 中，那么 x 不应该属于集合 A；如果 x 不在集合 A 中，那么 x 应该属于集合 A。无论怎样，都不对。

罗素悖论使数学家认识到并非所有的集合都可以作为数学的研究对象，也就是说数学研究应该把所涉及的集合范围缩小，使得筛选后的集合满足一些特定的公理或条件，以避免出现像罗素悖论这样的问题。现在数学界比较通用的集合公理体系是所谓的 ZF（策梅罗–弗雷格尔）公理系统，如果再加上选择公理，就是著名的 ZFC 公理系统。有意义的数学对象都是由 ZFC 公理系统筛选出来的。

有了合理的、作为基础的集合后，数学家希望在集合上添加一些结构，虽然这些结构原则上可以任意添加，但具体添加时需要仔细斟酌，既不能太多也不能太少。当添加的结构太多时，虽然数学对象的结构丰富，但满足所有结构要求的对象比较少，不能够容纳太多的例子。这当然不是人们所希望的。但是添加的结构又不能太少，太少就意味着结构比较弱，弱的结构所蕴含的性质就比较少，这类学科往往比较平凡。因此，不多不少、恰到好处的结构添加非常考验数学家的功力及其对火候的把握，往往只有那些真正意义上的数学大师才有能力给出真正合理并能得到广泛应用的结构。下面给出几个典型例子。

先谈谈大学数学专业的核心基础课程——高等代数，在西方课程体系中称为线性代数，主要研究线性空间及其上的线性变换。常见的线性空间主要包括两大类：实线性空间（来自现实世界）与复线性空间（来自量子力学）。二者的区别在于向量前面所乘的系数是实数还是复数。对于有限维的线性空间来说，本质上只需要一个量即可确定其线性结构，这个量就是维数。具体来说，如果一个实线性空间是 n 维的话，本质上就可以对应于由 n 个实数所组成的 n 元有序实数组的全体。

从结构上看，线性空间 V 就是在一个集合上添加了一个线性结构，定义两个二元运算，其中一个称作加法，另一个称作数量乘法。具体来说，随便取两个元素 x 和 y，所谓的加法就是一个从 $V×V$ 到 V 的二元映射，把 x 和 y 变成 V 中的一个新元素，记为 $x+y$。所谓的数量乘法就是任取一个数，这个数来自某一个数域，而这个数域是针对具体问题而选取的，可以是实数域 $\mathbb{R}$ 或复数域 $\mathbb{C}$。在 V 中任选一个元素 x，那么数 λ 和 x 就可以对应于 V 中的新元素 λx。从映射的观点去看，这就是从 $P×V$ 到 V 的二元映射。

当然，加法和数量乘法原则上可以随意定义，但并非所有的定义都是有道理的或有应用意义的，"好的定义"的标准是必须有相应的数学背景或应用价值。总结起来，线性空间要满足 8 条公理，其中前 4 条是关于加法的，后 4 条是关于数量乘法的。关于加法的 4 条公理，用一句话来说就是集合关于加法构成一个阿贝尔群（交换群），即加法要满足结合律和交换律，有零元，有逆元。数量乘法满足的 4 条公理包括结合律、单位元以及数量乘法关于加法的两条分配律。

线性空间作为线性代数最基本的研究对象，其应用范围十分广泛。对于我们熟知的二维平面和三维空间，如果在其中选取那些有大小和方向的量（向量）作为元素，向量在加法和数量乘法下很自然地就可以构成二维或三维的线性空间。那么，这个线性空间有什么特点呢？事实上，利用它很容易解决两向量共线、三向量共面问题，或等价的三点共线、四点共面问题。从线性空间的角度去看，解析几何研究的内容是以纯粹的、形式化的语言，用代数工具解决几何问题。除此之外，有限维的线性空间可以进行如下自然的推广。

第一，把线性空间从有限维扩展到无限维，这是数学的另一个分支泛函分析研究的内容，其主要创始人是波兰数学家巴拿赫。但当维数到了无限维之后，只靠线性结构还不足以完全确定空间本身。一个很自然的问题是如何度量无限维空间中向量的长度。无限维空间中的向量意味着它有无限个坐标，如果我们还是将每个坐标平方后求和再开方的话，就会碰到无穷级数的收敛性问题，所以需要在线性结构之上再添加新的结构。比如，通过添加内积结构或范数结构，使线性空间变成一个内积空间或赋范线性空间。

第二，保持维数有限，把线性空间变成非线性空间。线性与非线性的差别在于线性对应于平直，非线性对应于弯曲。因此，这意味着从以线性代数为工具的欧氏空间扩展到以微积分为工具的弯曲空间（在一维与二维时分别对应于曲线与曲面）。当然，弯曲的程度也不宜过大，需要满足所谓的"局部欧"——在局部上是平的，而在整体上是弯的。这就是前面所谈到的微分流形，研究微分流形的学科称为微分几何。

值得一提的是，泛函分析对应的物理背景是量子力学，而微分几何对应的物理背景是广义相对论。这就是说研究无限维线性空间的学问在数学中叫泛函分析，在物理学中叫量子力学；而研究有限维线性空间的学问在数学中叫微分几何，在物理学中叫广义相对论。就这两个实例而言，数学家和物理学家真是殊途同归啊！

第三，当把步子迈得更大一些时，可以考虑无限维的弯曲空间，即在局部上与一个无限维的线性空间（比如巴拿赫空间）一样，在整体上是弯曲的。在数学上，这叫作巴拿赫流形。如果要找到物理学中的对应，则需要将广义相对论与量子力学融合为一个整体。当然有很多候选方案，其中比较有名的是超弦理论和圈量子引力理论。

最后，再谈一下数学中非常重要的群结构。现有一个集合 G 满足 ZFC 公理系统，如果在上面定义一个二元运算，即在集合中任取两个元素 a 和 b，那么经过该二元运算之后得到的 $a \cdot b$ 也属于该集合。在二元运算的基础上再附加一些限制条件，就可以得到一个群结构，使得具有该二元运算的集合变成一个群。

那么应该是什么样的额外条件呢？第一个条件是满足结合律，如果有三个元

素 a，b，$c \in G$，则 a 和 b 乘起来以后再乘以 c 与 b 和 c 乘起来以后再乘以 a 是一样的，也就是满足 $(a \cdot b) \cdot c = a \cdot (b \cdot c)$。第二个条件是要有单位元，即存在一个元 e，它与 G 中的任何元素 a 的乘积都等于 a 自身。第三个条件是任意元素都有逆元，也就是对于任一元素 a，都存在一个与之对应的 b，使得 $a \cdot b = e$。当二元运算满足了这三个条件时，就定义了一个群结构，而具有群结构的集合称为群。

群无疑是数学中一个非常重要的概念，它是构成一些更复杂的数学对象的基础。比如前面讲的线性空间，关于加法就构成一个群，只是这个群更特殊一点儿，是一个满足交换律的交换群（也叫阿贝尔群）。正如之前提到的，群的概念最早来自阿贝尔和伽罗瓦对于一元 n 次方程根式求解的研究。

群的另一个重要应用在于它可以用来刻画对称性。杨振宁先生把量子化、对称与相位因子称作 20 世纪物理学的三大主旋律。对称性早已充斥现代物理学、化学乃至生命科学的方方面面，描绘对称性最好的工具就是群。

细心的读者可能发现，群的定义中没要求交换律 $a \cdot b = b \cdot a$ 成立。我们知道交换律似乎对大多数运算都成立，比如数的乘法、模 n 剩余类之间的乘积等。同时，也有一些运算不满足交换律，比如在矩阵乘法中 $\boldsymbol{AB} \neq \boldsymbol{BA}$。那么，到底交换与非交换哪一个是普遍的，哪一个是特殊的呢？一个简单的实例足以说明这个问题。当你出门时，先穿鞋子再戴帽子与先戴帽子再穿鞋子这两个操作当然是可交换的。但是，很多其他操作不是这样的，比如先穿袜子再穿鞋子与先穿鞋子再穿袜子就不能交换了，再如先穿内衣再穿外衣与先穿外衣再穿内衣也不能交换。由此你大概可以悟出非交换才是一种普遍现象，而交换只是非交换这一普遍现象的特例。从更一般的角度看，为了把更普遍的非交换对象包含在内，数学家才忍痛割爱在群的定义中删去了交换律。

有了群之后，就可以定义一些比群更复杂的代数对象，例如环。环是说在集合上定义两个二元运算，一个称为加法，另一个称为乘法。可以通过加法构成一个交换群，而乘法只满足结合律，同时加法和乘法之间还满足分配律，即 $a \cdot$

（*b*+*c*）=*a*·*b*+*a*·*c*。环的例子事实上有很多，例如整数关于加法与乘法、多项式关于加法与乘法、矩阵关于加法与乘法……都可以构成环。

　　有了环之后，还可以进一步定义域、模等更复杂的数学对象，但这些代数对象本身并非越复杂越好。在复杂与简单之间要寻找一个平衡，这也是数学家衡量数学理论是否优美的标准之一。

第**3**章 ▶▶▶

数学演绎的几何舞台

3.1 逻辑论证的开端

数学与天文学是两大历史极其悠久的学科。天文学是对浩瀚宇宙的观测与敬畏，而数学在早期主要是关于"数"与"形"的认知和理解。我们知道纯粹数学的三大分支是分析学、代数学与几何学。分析学在本质上就是微积分及其后续发展，虽然在古希腊"数学之神"阿基米德的工作中已经萌芽，但其真正开端还要到 17 世纪牛顿和莱布尼茨的时代。而代数学与几何学的发端则要早得多，可以追溯到遥远的古埃及与古巴比伦时代。

古埃及境内的尼罗河不但哺育了光辉灿烂的大河文明，也带来了连年水患的困扰。洪水泛滥使土地更加肥沃，大大促进了农业生产，但也使得原先已经划分好的土地需要重新丈量，这在客观上促进了大地测量学的发展。丈量土地是一个几何问题，我们在中学学过的平面几何与立体几何中的不少结论就是在大地测量中慢慢总结出来的。比如，如果一个三角形的两条边相等，则其所对的两个底角也相等；画一个圆周，任何直径所对的圆周角一定是 90°。虽然这些结论在当时是已知的，但多是经验积累，缺乏严格的论证。

众所周知，一个数学结论必须经过严格的逻辑论证才能作为定理或者命题被数学界所接受，而这需要等到被誉为"古希腊哲学七贤"之一的泰勒斯横空出世。泰勒斯把逻辑论证引入数学中，使数学变成一门真正意义上逻辑严密的学科。他本人证明了不少命题，比如前面谈到的关于等腰三角形和圆周角的命题，据考证最早就是由泰勒斯论证的。

　　喜欢看科学情景喜剧《生活大爆炸》的读者应该看过第三季第 10 集中谢尔顿给佩妮讲物理的搞笑情节。佩妮为了与男友莱纳德有共同语言，拜托谢尔顿教她物理，而谢尔顿则从公元前 600 年古希腊的一个美丽的仲夏夜讲起，并意图把他的物理课横贯 2600 年，使得佩妮叫苦不迭。大笑过后，不知你有没有回过头来想一下，为什么谢尔顿偏偏要从公元前 600 年的那个仲夏夜讲起？是纯粹搞笑吗？要知道《生活大爆炸》的科学顾问戴维·萨尔兹保可是美国加州大学洛杉矶分校的物理学和天文学教授，所以该片的科学性和严谨性是毋庸置疑的！那么，公元前 600 年的那个仲夏夜究竟发生了什么？要回答这个问题，不能不提到本节的主人公、被誉为"科学与哲学之祖"的泰勒斯。

　　泰勒斯出生在古希腊米利都的一个奴隶主贵族家庭，从小就受到了良好的教育。泰勒斯早年是一个商人，因此他除了读万卷书，还有机会行万里路。泰勒斯曾到过不少东方国家，学习了古巴比伦人观测日月食和测算海上船只间的距离的知识，了解了古埃及人丈量土地的方法和规则。那时的古埃及人饱受尼罗河水患的困扰，每年只要尼罗河一发水，原先规划好的土地界线就会被冲毁，人们在水灾过后不得不重新进行测量和计算。洪水不但洗去了大地上的尘埃，也冲击着古埃及人的心灵。一些聪明人在规划土地界线时慢慢总结出了一些规律，比如所有的直径都平分圆周，三角形有两条边相等时其所对的角也相等……这就是平面几何的雏形。

　　通过读万卷书、行万里路，泰勒

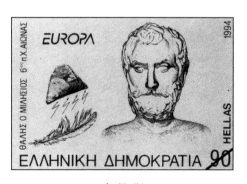

泰 勒 斯

斯不但阅人无数，抑或还得到了高人的指点。他在数学和天文学上的造诣颇深，可谓是十八般兵器样样精通！天才总是有傲气的，不甘寂寞的泰勒斯自然不会满足于只做一个游走四方的学子，他要开坛立说，广招门徒，成立自己的门派。泰勒斯在游学多年之后，终于在自己的家乡米利都创立了古希腊最早的哲学学派——大名鼎鼎的爱奥尼亚学派！爱奥尼亚学派的门徒众多、群星荟萃，大名鼎鼎的毕达哥拉斯就曾受教于泰勒斯。

在古希腊时期，科学的界限不像现在这么清晰，门类也不像现在这么繁多。这就好比一棵参天巨树最初都是从种子萌芽开始生长的，随着岁月的积淀才开始分枝散叶，最终长成枝繁叶茂的大树。那时的许多学者既是优秀的数学家，也是杰出的天文学家，还是伟大的诗人，因而对他们最好的称呼应该是哲学家！

用一句时髦的话说，泰勒斯是商人里数学最好的，数学家里经商最棒的。不过在那个知识匮乏的时代，大多数人可不这么认为，曾经有人指责泰勒斯在无用的研究中浪费时间。对于这些指责，泰勒斯笑而不语，他在等待反击的机会。机会终于来了。有一年冬天，泰勒斯运用他的天文学、农业及数学知识算出第二年橄榄会大丰收。于是他立刻投入大量资金租用当地所有的油坊，垄断了当地的榨油机。等到橄榄丰收之时，收购了大量橄榄的商人们发现榨油机奇缺，不得不到泰勒斯那里花高价榨油。泰勒斯赚了个盆满钵满。真是漂亮的一击！获胜后的泰勒斯发表了一通豪言壮语，他说如果哲学家和数学家想去赚钱，可以比别人赚得更多，这就是知识的力量！好一个聪明的泰勒斯！他不但是"科学与哲学之祖"，还是经商的奇才啊！

继泰勒斯之后，以毕达哥拉斯为代表的一批以逻辑论证为方法论来发展数学的数学家接过了他的衣钵。比如，毕达哥拉斯在人类历史上第一次给出了"直角三角形的两条直角边的平方和等于斜边的平方"这一伟大论断的严格证明，这也是主流数学界将其称为毕达哥拉斯定理的原因。而泰勒斯数学传统的真正集大成者无疑是被誉为"古希腊三大几何学家"之一的欧几里得，也就是我们在下一节中要讲到的主要人物。

要讲欧几里得，必须提到亚历山大大帝。他的父亲找了一位非常有名的学者做他的老师，这位学者就是亚里士多德。亚里士多德和他的老师柏拉图以及柏拉图的老师苏格拉底并称古希腊的"哲学三杰"。在亚里士多德的影响下，亚历山大大帝从小就受到了科学与哲学的熏陶，长大之后对科学和教育极其重视。马其顿王朝攻占埃及后，他在埃及建立了亚历山大城，城中有著名的亚历山大科学院和拥有 70 万册藏书的亚历山大图书馆。大批优秀的学者来到这里从事学术研究，欧几里得就是其中之一。蕴含着先哲智慧的海量图书与若干志同道合的学术伙伴在一起碰撞发酵，无疑会产生耀眼的智慧火花，从而造就了人类文明史上著名的亚历山大时代。

3.2　史上最畅销的教科书

图形无处不在，人类对几何图形的认知大概要追溯到史前时代。据史料中的记载，约公元前 3000 年的古埃及应该是几何学的发源地。尼罗河是埃及的母亲河，因其丰沛的水源为种植业提供了保障，故对农业发展至关重要。但野性十足的尼罗河经常泛滥，淹没农田，冲去土地的界限。洪水退去后，人们需要重新划分土地。因此，古埃及人逐渐认识了几何图形，学会了计算面积。同样，生活在两河流域的古巴比伦人也在生产和生活实践中积累了大量的几何知识。古埃及人和古巴比伦人得到了计算最简单的面积和体积的一些经验公式，他们可以计算矩形、三角形和梯形的面积，计算立方体、柱体和锥体的体积，甚至计算球的表面积。

公元前 7 世纪，几何学从埃及传到希腊，古希腊数学家泰勒斯、哲学家德谟克利特等人又将之进一步发展，毕达哥拉斯及其学派更是对几何学的发展做出了卓越的贡献。凡此种种为几何学转变为数学理论奠定了基础。几何的英文为"geometry"，由希腊文演变而来，其原意为"土地测量"，应是古希腊先贤向古埃及人的致敬。

一切准备就绪，大幕徐徐拉开，英雄开始出场。欧几里得（约前 325—前 265）生于古希腊文明的中心——雅典，活跃于托勒密一世时期的亚历山大城，一座靠近地中海的北非大城。亚历山大大学建在托勒密一世的王宫旁边，是当时世界上最优秀的大学，也是希腊文化的最后集中地。更为重要的是，这座城市还拥有一座藏书量惊人的亚历山大图书馆。在整个希腊和罗马统治期间，亚历山大城始终是地中海的学术中心。公元 3 世纪末，由于宗教及其他原因，罗马人大规模地破坏并焚烧图书馆中收藏的书籍，人类文明的成果在野蛮愚昧的践踏之下毁于一旦，如今再难觅昔日的辉煌。幸运的是，欧几里得在亚历山大城期间，大学和图书馆仍在，所有这一切为他提供了第一手材料。

欧几里得

在还是个十几岁的小小少年时，欧几里得就进入大哲学家柏拉图创办的柏拉图学园学习，全身心地沉浸在数学王国里。柏拉图学园门口写有"不懂几何学者不得入内"的牌子令前来求教的许多年轻人困惑不解。经过深入学习、潜心研究柏拉图的所有著作和手稿，欧几里得得出结论：图形是由神绘制的，所有一切现象的逻辑规律都体现在图形之中。因此，智慧训练就应该从以图形为主要研究对象的几何学开始。对柏拉图思想要旨的领悟使欧几里得如醍醐灌顶一般。

在欧几里得之前，古希腊人已经积累了许多零碎的几何知识，然而缺乏系统性是这些知识不容忽视的缺点和不足。哪些是定义，哪些是不言自明的公理，哪些是从定义和公理出发证明的结论，完全不清晰，更没有对公式和定理的严格逻辑论证。将这些几何知识条理化和系统化，形成一套自洽的、逻辑完善的知识体系，成为科学进步的趋势。

当欧几里得敏锐地察觉到了几何学统一大业的重要性后，他就开始付诸行动。在交通不便利的时代，他从爱琴海边的雅典历尽艰辛到达尼罗河畔的亚历山大城，长途跋涉去追寻梦想。在亚历山大城数不清的晨昏，欧几里得对希腊丰富的数学成果进行搜集、整理和总结，用命题的形式重新进行表述，对一些结论做出严格的证明。他废寝忘食地工作，终于在公元前 3 世纪写出了那部影响深远的传世之作《几何原本》。这部巨著第一次集那个时代的几何学之大成，统治了数学的舞台长达 2000 多年，成为了数学史上的一座高耸的丰碑。

《几何原本》被西方科学界奉为"圣经"，是欧洲数学的基础，被认为是历史上流传最广、最成功的教科书，一直以来被不断研究和分析。据统计，在西方文明的全部书籍中，人们研究《几何原本》的仔细程度仅次于《圣经》。

我国明代学者徐光启与意大利传教士利玛窦合译了《几何原本》的前 6 卷，于 1607 年出版。徐光启将"geometry"一词音译为"几何"，其中"几"表征定量，"何"表征定性，可谓独具匠心。

《几何原本》共分 13 卷，从 23 个定义、5 条公设和 5 条公理出发，演绎出 96 个定义和 465 条命题，构成了历史上第一个数学公理体系。全书编排严谨，依照命题间的逻辑关系，从简单到复杂，将相关内容排列起来，几乎涵盖了前人所有的数学成果。《几何原本》的第 1 卷是全书逻辑推理的基础，给出了一些必要的定义、公设和公理。第 1~4 卷和第 6 卷包括了平面几何的一些基本内容，如全等形、平行线、多边形、圆、毕达哥拉斯定理、初等作图及相似形等。其中，第 2 卷和第 6 卷还涉及用几何形式处理代数问题。第 5 卷介绍比例尺，第 7~9 卷的内容是数论方面的，第 10 卷讲不可公度量，第 11~13 卷的内容属于立体几何方面。

论及欧几里得的最大贡献，也是他的最大成功，当数他建立几何学大厦的方法。他选择了一系列最原始的定义、不言自明的公理和公设（公理是适用于一切科学的真理，而公设是只适用于几何学的原理）并将它们按照逻辑顺序进行排列，以人们普遍接受的简单现象和简洁的数学内容作为起点，然后进行演绎和证明，形成了具有严密逻辑体系的《几何原本》。

后人把欧几里得建立的几何理论简称为欧氏几何，成立欧氏几何的平面称为欧氏平面，成立欧氏几何的空间称为欧氏空间，《几何原本》中采用的这种建立理论体系的方法称为公理化方法。欧氏几何第一次用公理化方法将零散的数学知识整理成了复杂而又严谨的结构，形成了数学史上第一个封闭的演绎体系。欧氏几何中抽象化的内容给人们提供了一种理性的思维方式，成为训练、培养逻辑推理能力的有力手段。举一个例子，譬如要建起一座巍峨的大厦，当我们面对沙子、水泥、石头以及木块等基本材料时，公理化方法可以告诉我们怎么着手，有条不紊地去工作。

《几何原本》的成功使得公理化方法成为研究数学的最好方法，进而成为后来所有数学研究的范本和科学传统，亦被认为是古希腊人最杰出的贡献。

众所周知，概率论是一门古老的学科，起源于对并不光彩的赌博游戏的研究。在这门学科的发展过程中，由于视角和理解不同（例如针对不同的随机现象，出现过统计定义、古典定义、几何定义等概念），数学家建立起来的概率论体系也不完全一样。苏联数学家柯尔莫哥洛夫在公理化集合论的基础上建立了概率论体系，给予概率论以严谨的逻辑基础，消除了曾经出现的几何概率中著名的"贝特朗悖论"，也使得概率论得到了进一步的发展。

再如，近代数学中的群论，从伽罗瓦创造这个概念开始，也经历了一个公理化的过程。人们分别研究了许多具体的群结构以后，发现它们具有基本的共同属性，因此就采用满足一定条件的公理集合来定义群，形成了一个有关群的公理系统，并在这个系统上展开群的理论，推导出一系列定理，直至形成和发展了近世代数这门学科。

公理化方法具有按照逻辑演绎关系分析、总结知识的作用，除了对近现代数学影响深刻外，也渗透到其他自然科学领域甚至某些社会科学领域。人们试图借鉴和奉行这套逻辑思维方式。

在物理学的理论体系方面，公理化方法的应用典范当数牛顿的科学巨著《自然哲学的数学原理》以及爱因斯坦创立的相对论理论体系。

13 世纪，意大利的著名哲学家、神学家托马斯·阿奎那将理性引入神学，采用公理化方法，从极少数公理和公设出发，通过逻辑演绎写出了人类文化史上具有划时代意义的著作《神学大全》。该书被视为中世纪经院哲学巨著，为基督教教义的传播发挥了一定的作用。

17 世纪，荷兰哲学家斯宾诺莎撰写了《伦理学》一书，其完整书名是"用几何程序证明伦理学"。这部在哲学史上占有一席之地的伟大著作被置于严谨的公理化框架中，每一卷都首先给最主要的哲学范畴下定义，将一些最根本的哲学观点作为公理或公设，然后证明作为定理的那些比较具体的哲学观点。

《几何原本》被誉为宇宙为自己设计的一份精美图纸，一部寻找宇宙"本基"的著作，一部高度展示人类的逻辑理性和逻辑思维能力的体系教本！"古希腊数学之神"阿基米德、古罗马政治家西塞罗、微积分的创始人牛顿和莱布尼茨、法兰西第一帝国皇帝拿破仑和美国总统林肯等这些大名鼎鼎的人物都曾研读过《几何原本》。欧氏几何至今仍是各国学校教育中的必修课，无数人深受其影响。有人说欧几里得算不上是一流的数学家，但谁能否认这位"几何教父"不是一流的教师呢？

3.3　数学之神的奇招

阿基米德是古希腊的一位极负盛名的百科全书式的科学家，关于他的故事和传说之多在古代科学家中绝无仅有，大家都多少了解一些。譬如，他说过"给我一个支点，我就能撬起整个地球"，他在泡澡时发现了浮力定理并大喊"尤里卡"（源于希腊语，意思是"我找到了"），他发明了投石器和举重机，他利用镜子的反光来御敌……

公元前 287 年，阿基米德出生于西西里岛上叙拉古城（今意大利西西里岛的锡拉库萨）附近的一个村庄中的一个十分富有的贵族家庭。他的父亲是一位天文学家兼数学家，学识渊博，为人谦逊。父母给取的名字的寓意是大思想家，后来的事实证明他的确不负所望。由于耳濡目染，他从小就对数学和天文

阿基米德

学有着浓厚的兴趣。这再一次说明良好的家庭环境对一个人的发展来说多么重要。

在阿基米德生活的年代，古希腊的辉煌已渐渐衰退，经济和文化中心开始转移到埃及的亚历山大城。意大利半岛上新兴的罗马帝国和北非的迦太基（今突尼斯）都在不断扩张，叙拉古城是许多势力的角斗场，并不太平。

青年时代的阿基米德来到了亚历山大城，那里人才荟萃，被誉为"智慧之都"。阿基米德跟随许多著名的学者学习，包括"几何学之父"欧几里得以及欧几里得的学生埃拉托色尼。埃拉托色尼博学多才，曾担任过亚历山大图书馆馆长，上知天文，下知地理，还通晓历史和文学。他的著名事迹是用简单的测量工具计算出地球的周长，创造了找出素数的筛法。阿基米德在亚历山大城学习和生活多年，他吸收了东方和古希腊的优秀文化，打下了坚实的科研基础。

阿基米德一生没有大部头的著作，但写了大量数学及力学方面的简短书籍和文章。他的数学著作《论球和圆柱》《圆的度量》《抛物线求积》《论螺线》《论锥体和球体》《沙的计算》等都深受《几何原本》的影响。这些数学著作也体现了他在计算面积和体积方面的高超技巧以及不朽的数学成就，下面加以概述。

关于圆的度量：阿基米德的杰出贡献在于发展了穷竭法，该方法用于计算周长、面积和体积。通过计算圆内接和外切正九十六边形的周长，求得圆周率 π 介于 $3\frac{10}{71}$ 和 $3\frac{1}{7}$ 之间（约为 3.14），这是数学史上第一次给出科学求圆周率的方法。

关于抛物线弓形的面积及螺线：阿基米德用两种不同的方法——力学方法和穷竭法求出了抛物线弓形的面积等于同底等高的三角形面积的 $\frac{4}{3}$ 倍。这是平面上的积分学问题。他定义了今天被称为阿基米德螺线的曲线（其极坐标为 $\rho = a\theta$，$a>0$），讨论了该螺线的切线的诸多性质，求出了该螺线的第一圈与极轴所围成的平面图形的面积是 $\frac{4}{3}\pi^3 a^2$。这也是平面上的积分学问题。

关于劈锥曲面体与旋转椭圆体：劈锥曲面体是旋转抛物面和旋转双曲面被一个平面截下的部分。阿基米德关于劈锥曲面体和旋转椭圆体体积的计算是三维空

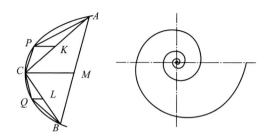

抛物线弓形的面积和阿基米德螺线

间中的积分学问题。

　　关于球与圆柱体：阿基米德在讨论球与圆柱体时，引入了凸曲线和凸曲面的概念，提出了"有相同端点的一切线中直线段最短"的假设，得到了许多关于圆锥体的体积和球缺的结果。他证明了球的体积与该球的外切圆柱体的体积之比是 2∶3，而且球的表面积和圆柱体的表面积之比也是 2∶3。这是他引以为豪的发现。根据阿基米德的遗愿，他的墓碑上刻着"圆柱容球"图案。在国际数学大奖中具有最高声誉且颁给年轻数学家的菲尔兹奖奖章的背面就是这个图案的浮雕，而正面则是阿基米德的侧面浮雕头像。

　　阿基米德所著的《处理力学定理的方法》一书阐述了他用"力学"方法得到数学中的几个最主要的发现的过程，其中包括抛物线弓形的面积、球的面积和体积等。这种关于数学发现的讨论在古代是独一无二的，具有极高的科学价值。阿基米德强调这种方法是启发式的，而绝非严格证明。因此，要将发现与证明加以严格区分。

　　下面仅举一个例子，阿基米德曾借助圆柱和圆锥的体积（在他生活的时代是已知的结果），利用杠杆原理及微元法求球的体积。

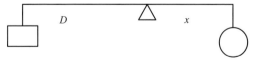

推导球的体积公式（1）

设球的直径为 D，杠杆左右两端是不计厚度的薄片（不可分量），$(\pi xD)D =$ $(\pi D^2)\ x$。用两个圆形薄片［面积分别是 $\pi x(D-x)$ 和 πx^2］代替左端的长方形薄片，而重量保持不变。最后令 x 从 0 增大到 D，左端的两个圆薄片分别扩张成直径为 D 的球和底圆半径与高均为 D 的正圆锥体。令右边的 x 从 0 增大到 D，就得到一个底圆半径和高均为 D 的正圆柱体。

记球的体积为 V，又已知正圆锥体的体积为 $\frac{1}{3}\pi D^3$，正圆柱体的体积为 πD^3，根据杠杆原理，可得 $\left(V + \frac{1}{3}\pi D^3\right) \cdot D = \pi D^3 \cdot \dfrac{D}{2}$，$D = 2R$，因此球的体积公式为

$$V = \frac{4}{3}\pi R^3。$$

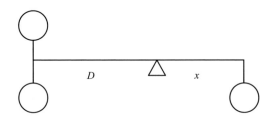

推导球的体积公式（2）

事实上，这种方法已经具有定积分计算的雏形。利用现代的微积分，以上步骤十分简洁，就是 $V = \displaystyle\int_0^D \pi x(D - x)\,\mathrm{d}x = \frac{4}{3}\pi R^3$。

在处理面积和体积等问题时，阿基米德的数学思想中已经蕴涵了现代微积分。要知道那可是古希腊时期，连数系还远未完善，更别说极限的概念了。这是一种超前的认识，超越的是 2000 多年的数学史，因此有人甚至说阿基米德差一点儿就发明了微积分。

阿基米德的离世很传奇。有一个版本说一个罗马士兵闯入一户住宅，看见一位古稀老人在沙地上埋头演算几何题。老人对士兵说："你们等一等再杀我，我不能给世人留下不完整的公式。"士兵可没有耐心等。这里面有多少臆想的成分，不得而知。确凿的事实是在公元前 212 年，罗马军队入侵叙拉古城时，75

岁的阿基米德被鲁莽粗暴的罗马士兵杀害。一位数学巨人倒下了，他像活着时一样沉浸在他所喜爱的数学研究之中。

阿基米德死后，罗马军队的统帅马塞拉斯十分痛惜，下令将杀死阿基米德的士兵处决，并为阿基米德举行了隆重的葬礼，在西西里岛上修建了墓地，墓碑上刻着他最喜欢的几何发现"圆柱容球"的图案。

除了数学，阿基米德在天文学与力学方面均有杰出的成就，享有"流体静力学之父"的美称。另外，他和雅典时期的科学家有着明显的不同，那就是他既重视科学的严密论证，又非常重视知识的实际应用。他将理论与实践相结合，亲自动手制作各种仪器和机械装置，如杠杆系统、滑轮、水泵、扬水机以及抛石机等。美国数学家 E. T. 贝尔在《数学大师》一书中写道："在任何一张开列有史以来三位最伟大的数学家的名单之中，必定会有阿基米德，而另外两人通常是艾萨克·牛顿和卡尔·弗里德里希·高斯。不过以他们的宏伟业绩和所处的时代背景来比较，或拿他们影响当代和后世的深邃久远来比较，还应首推阿基米德。"

阿基米德是古希腊学派最杰出的代表，他的工作对近代数学的影响非常深远。从 16 世纪和 17 世纪的数学家，如开普勒、伽利略、笛卡儿、卡瓦列利、费马、牛顿、莱布尼茨等人在微积分方面的工作中，可略见一斑。阿基米德无疑是伟大的，他将理论与实验相结合，将数学的疆界从欧几里得时代向前推进了一大步。他的睿智令世人赞叹不已。时光流逝，2200 多年的历史长河中英雄辈出，但阿基米德对数学发展的促进以及对社会进步和人类文明发展的贡献不会被遗忘。"数学之神"的称号是对他最好的注解。

3.4　尺规作图的"灵"与"美"

直尺和圆规本是带有刻度的实用测量和画图工具，但是崇尚理性思考的古希腊人提出了看似匪夷所思的、苛刻的尺规作图问题，即直尺只能用来画直线，圆规则用来画圆，它们不能有"度量"的功能。

欧几里得的《几何原本》以理论的形式明确规定尺规作图是指有限次地使用

没有刻度的直尺和圆规进行作图。当然,这里的直尺和圆规是理想化的,与现实生活中的不完全一样。直尺无刻度,无限长,用途是将两个点连在一起作直线;圆规可以张开至无限宽,用途是以已知点为圆心、以张开的已知长度为半径作圆。

经后代的史学家研究,古希腊人强调尺规作图的理由可以归结为如下三点。

第一,希腊几何的基本精神是从极少数的基本假定(定义、公理和公设)出发,推导出尽可能多的命题,其典范就是欧氏几何。相应地,他们对作图工具也限制到不能再少的程度。

第二,受哲学家柏拉图思想的影响深刻。柏拉图特别重视数学在智力训练方面的作用,他主张通过几何学习达到训练逻辑思维的目的,因此必须对所使用的工具进行限制。

第三,毕达哥拉斯学派认为圆是最完美的平面图形,圆和直线是几何学中最基本的研究对象,因此规定作图时只允许使用画直线和圆的工具——直尺和圆规。

由于《几何原本》的巨大影响力,尺规作图也一直被传承下来。其中最著名的莫过于古希腊的三大几何作图难题,即化圆为方问题(作一正方形,其面积为已知圆的面积)、倍立方问题(作一立方体,其体积为已知立方体体积的2倍)和三等分任意角问题(将任意一个角三等分)。

据说化圆为方问题与古希腊哲学家阿纳克萨哥拉有关。他曾在狱中服刑,一天晚上突然看到圆圆的月亮透过正方形的铁窗照进牢房……百无聊赖的他对圆月和方窗产生了兴趣,灵光一现,想出了化圆为方这个问题来打发时间,但他本人并未给出答案。

古希腊的安梯丰是诡辩学派的代表人物,诡辩学派以雄辩著称。安梯丰研究化圆为方问题时想到了一种方法:先作这个圆的内接正方形,然后每次将边数加倍,得到圆的内接正八边形、正十六边形、正三十二边形……一直作下去。安梯丰认为,最后圆的内接正多边形必定与圆周重合,而且对于任何正多边形都可以作出与其面积相等的正方形,这样就可以化圆为方了。

但是安梯丰的结论并不正确,因为尺规作图要求只能进行有限次操作,而有限次操作能画出来的一定是边数有限的正多边形。不管边数为多少，这样的正多边形都是圆的内接图形，不可能与圆重合。无论如何，安梯丰的"以直代曲，无限逼近"的奇妙思路使他成为穷竭法的始祖，其中孕育着近代极限论的思想。这也是他在数学方面的突出成就。

关于倍立方问题，有一个神话。据说当年希腊的提洛斯岛上流行瘟疫，惊恐不安的居民们向守护神阿波罗祈祷，神庙里的预言修女告诉他们神的指示是"把神殿前的立方体祭坛的体积增加到原来的 2 倍，瘟疫就可以停止"。居民们得到神谕，立刻动工修建新祭坛。新祭坛的棱长是旧祭坛棱长的 2 倍，但瘟疫非但没停止，反而更猖獗，于是居民们更加恐慌。一位学者指出了错误：把棱长增加到原来的 2 倍后，祭坛的体积就成了原来的 8 倍，而神所要的是 2 倍。居民们十分认同这个说法，于是改用与旧祭坛同形状同大小的两个祭坛，可瘟疫仍不见消散。备受困扰的居民们再去问询，神说他们所修的祭坛的体积的确是原来的 2 倍，但形状不是立方体。如此看来，这位守护神还挺较真！居民们顿悟，赶紧去向大学问家柏拉图请教。柏拉图和众弟子热心研究，但始终未解决这个问题。由于这个神话传说，倍立方问题也称为提洛斯问题。

三等分任意角问题也许比前两个问题出现得更早，早到史料中寻觅不到有关记载，但它的出现是很自然的。古希腊数学家很早就想到了二等分任意角的方法，我们在中学几何中也学习过。以已知角的顶点为圆心，以适当的长度 r 为半径画弧交角的两边，得到两个交点，再分别以这两个交点为圆心，以 r 为半径画弧，将这两段圆弧的交点与角的顶点相连，就把已知角二等分了。因为二等分一个任意的已知角如此容易，人们很自然地想到：对于任意一个已知角，如何三等分呢？

为了解决三大几何作图难题，后世又有许多数学家投入大量的时间和精力去研究，那么最终结果如何呢？直到 19 世纪，现代数学（主要是伽罗瓦的理论）以令人惊艳的方法干净、漂亮地解决了古希腊的三大尺规作图难题。

首先，依照欧氏几何中尺规作图的限制，不外乎有 5 种基本作图方法：过两点画一条直线，作圆，作两条直线的交点，作两个圆的交点，作一条直线与一个圆的交点。因此，一个几何作图问题可否用尺规完成，取决于能否通过有限次上述的 5 种基本作图过程来完成。在中学几何中，我们已经知道可以用尺规作图的几何图形有以下几种。

①二等分已知线段。

②二等分已知角。

③已知直线 L 和 L 外的一点 P，过点 P 作直线垂直于 L。

④任意给定自然数 n，作一线段是已知线段的 n 倍，或 n 等分已知线段。

⑤已知线段 a 和 b，可作 $a+b$，$a-b$，ab，a/b（推广为可作 ra，其中 r 是正有理数）。

综上所述，已知线段的有限次加、减、乘、除能用尺规作图。另外，在代数学中，易知从 0 和 1 出发，可以利用四则运算构造出全部有理数。这是因为从 1 出发，不断做加法，可以得到全体正的自然数；0 减去任何正的自然数都得到负整数，所以，借助减法可以得到全体负整数。最后，从整数出发，借助除法，可以得到全体有理数。至此，我们可以得到结论：只要给定单位 1，可以用尺规作出全部有理点。另外，从两个坐标是有理数的点出发，也可以用尺规作出来某些无理数，例如 $\sqrt{2}$。

利用解析几何及代数知识进一步分析尺规作图，可以得到结论：所有可用尺规作图的数都是代数数。至于代数数的概念，简单解释如下。

在中学代数中，我们已经熟悉了一元一次方程和一元二次方程，它们分别有一个根和两个根。一般的一元 n 次方程可以写作

$$a_0 x^n + a_1 x^{n-1} + a_2 x^{n-2} + \cdots + a_{n-1} x + a_n = 0$$

其中，a_0，a_1，a_2，$\cdots$，a_{n-1}，a_n 是实数或复数。

18 世纪末，高斯在其博士学位论文中证明了代数学基本定理：复系数 n（$n>0$）次多项式在复数域内恰有 n 个根（k 重根按 k 个根计算）。

在上述一般的 n 次方程中，若系数 a_0，a_1，a_2，$\cdots$，a_{n-1}，a_n 均为整数，则称之为整系数方程。若一个实数或复数是某一个整系数方程的根，则称之为代数数。不是代数数的实数称为超越数。

如果将可用尺规构造出来的数域称为可构造域，则能得到可构造域是代数数域的子集。另外，还能推导出一个特殊的结论：若一个有理系数的一元三次方程没有有理根，则它没有一个根是由有理数域 Q 出发的可作图的数。

有了以上准备，再看尺规作图的三大难题。

三等分任意角问题：如果任意一个角能被三等分，则 60° 角也能被三等分，即用尺规能作出 20° 角，因此长度为 2cos20° 的线段也应该能作出来。但是这等价于用"尺规"解方程 $x^3 - 3x - 1 = 0$，因为它没有有理根，我们由前述结论可知这个方程不能有"尺规解"。

倍立方问题：设已知立方体的棱长为 1，所要建造的立方体的棱长为 x，则倍立方问题就等价于问方程 $x^3 = 2$ 能否用"尺规"求解。因为它没有有理根，我们由前述结论可知这个方程不能有"尺规解"。

化圆为方问题：设圆的半径为 1，正方形的边长为 x，则化圆为方问题就等价于问方程 $x^2 = \pi$ 是否有代数数解。德国数学家林德曼在 1882 年证明了 π 为超越数，我们由前述结论可知化圆为方是不可能的。

如果不限制作图工具，几何作图的三大难题很容易解决，限制后的尺规作图问题则不可解，解答所用的工具在本质上并不是几何的，而是代数的。数学所表现的美，特别是数学内部的和谐美、数学结论的奇异美都令人印象深刻。在研究尺规作图的过程中，人们得到了大量的数学发现（例如二次曲线、三次曲线、一些超越曲线、有理数域、代数数与超越数等），并促进了微积分中的穷竭法、群论等理论的发展。数学思想再一次飞跃到新的高度。

3.5　数形结合，威力无穷

学习过解析几何的人也许会惊讶于用代数方法能轻而易举地处理一些曾令人抓狂的、利用复杂的辅助线才能解决的立体几何问题。

"数"与"形"是数学最初研究的基本对象。恩格斯早在 19 世纪撰写哲学著作《反杜林论》时就给出了数学的定义："数学是研究现实世界的数量关系与空间形式的科学。"虽然以今日数学的疆域之辽阔和范围之广大来看，这个定义并不确切，但至少在 100 多年前，这一界定还是大致准确的。

17 世纪前半叶，对欧氏几何局限性的认识以及科学技术的发展对数学提出了新要求，促使了数形结合的典范——解析几何的诞生。解析几何的创始人是法国同一时期的两位数学家笛卡儿和费马。他们认为传统几何学过多地依赖图形，缺乏抽象的理性推导，而传统代数学过多地受到法则的约束，缺乏直观的感性认识。两位数学家敏锐地认识到利用代数方法研究几何问题是改变传统方法的有效途径。

1596 年，笛卡儿出生于法国的一个贵族家庭。因为早产，他幼年羸弱多病，喜静不喜动，但善于思考。他上学读书后，学校破例允许他在床上早读，因此现在也有人称笛卡儿为"在床上思考的哲学家"。1612 年，他去普瓦捷大学攻读法学，1616 年获得法学博士学位。毕业后，笛卡儿在职业选择上一直犹豫不决，但总宅在家里并不是愉快的事情，因此他决心游历欧洲各地，专心寻求"世界这本大书"中的智慧。他于 1618 年在荷兰入伍，随军远游。笛卡儿对数学的兴趣就是在荷兰当兵期间产生的。

笛卡儿

从军、游历数年，笛卡儿到过许多国家，既行过万里路，也见识和思考过世界万象。1628 年，他移居荷兰，从事哲学、数学、物理学等多个领域的研究。他于 1628 年写出了《指导哲理之原则》，1634 年完成了《论世界》，此后又出版了《形而上学的沉思》《哲学原理》等重要著作。

　　笛卡儿最著名的著作是 1637 年出版的《更好地指导推理和寻求科学真理的方法论》，《几何学》作为这本书的附录包含了他那开创性的数学贡献。《几何学》标志着解析几何的诞生，成为常量数学与变量数学的分界点，也确立了笛卡儿的"解析几何之父"的地位。笛卡儿在《几何学》中阐述了坐标几何的思想，其理论以下面两个观念为基础。

　　第一，坐标观念，其作用是把欧氏平面上的点与一对有序实数对应起来。

　　第二，将带两个未知数的方程和平面上的曲线相对比的观念。像 $x^2+y^2=1$ 这种通常有无穷多组解的不定方程对代数学家来说无甚意义，但笛卡儿注意到当 x 连续改变时，y 也相应地取不同的值。于是两个变量 x 和 y 可以看作平面上运动着的点的坐标，这样的点的运动轨迹形成一条平面曲线。

　　以上两个观念就是用代数方法解决几何问题，也就是解析几何的基本思想。恩格斯对此赞誉有加，他说："数学中的转折点是笛卡儿的变数。有了变数，运动进入了数学；有了变数，辩证法进入了数学；有了变数，微分和积分也就立刻成为必要了。"这表明对于 17 世纪以来数学的巨大发展，解析几何功不可没。

　　笛卡儿建立解析几何的过程颇有戏剧色彩。1619 年，23 岁的笛卡儿在多瑙河畔服役期间沉迷于探索几何学和代数学的本质联系。他反复思考一个问题：几何图形是直观的，代数方程是抽象的，能否把二者结合起来——用代数方程来表示几何图形，将几何问题转化为代数问题，进而运用代数工具进行求解。而其中的关键之处在于如何把组成几何图形的"点"和满足代数方程的"数"沟通起来，但他苦思多日无果。日有所思，夜有所梦。一天晚上，他突然梦见一只苍蝇飞来落在窗棂上。也有人说他梦到蜘蛛结网。总之，他如醍醐灌顶，意识到将苍蝇看作一个点，而横竖的窗棂作为两个数轴，则平面上的任一点 P 可以与这两个数轴上的有顺序的两个数 x 和 y 对应。反之，任意给定一组有序数 x 和 y，也可以在平面上找到一个点 P 与之相对应。他后来说："第二天，我开始懂得这惊人发现的基本原理，终于发现了一种不可思议的科学基础。"

　　《更好地指导推理和寻求科学真理的方法论》常简称《方法论》，本是一本哲学著作，解析几何是其附录之一。无心插柳柳成荫，笛卡儿也许没想到他的哲学著作因数学而声名远播。这也难怪，因为一位成就斐然的数学家本身极有可能就是一位学养深厚的哲学家，毕竟一个数学家如果不懂得辩证法，他在数学上就不会取得巨大的成就。历史上既是数学家又是哲学家的大师并不鲜见，如大名鼎鼎的阿基米德、毕达哥拉斯、牛顿和莱布尼茨。德国近代的数理逻辑学家弗雷格同样既是数学家又是哲学家，他曾说："一个好的数学家至少是半个哲学家，一个好的哲学家至少是半个数学家。"

笛卡儿一生未婚，现在却有很多人对"笛卡儿心形线"的故事津津乐道。据传 52 岁的笛卡儿邂逅了 18 岁的瑞典公主克里斯汀……而确凿的史料说明这个动人的传说是杜撰的，漏洞百出。它之所以谬传甚广，可能是因为众生需要在严肃的数学中加入一段凄美的爱情故事来调和吧。二人交集的真实情形是 1649 年笛卡儿受瑞典女王克里斯汀之邀来到斯德哥尔摩，给女王亲授哲学课。但笛卡儿无法适应瑞典寒冷的冬天，次年就在这片"熊、冰雪与岩石的土地"上染上肺炎而不幸离世。也许我们应该对名人感兴趣的东西感兴趣并做出成就来，而不是仅仅对名人的逸闻趣事感兴趣。

接下来，看看"业余数学家之王"费马是如何建立解析几何的。费马独立于笛卡儿发现了解析几何的基本原理，他的出发点是竭力恢复失传的阿波罗尼奥斯的著作《论平面轨迹》。他用代数方法对阿波罗尼奥斯关于轨迹的一些失传的证明进行补充，对古希腊几何学尤其是阿波罗尼奥斯的圆锥曲线论进行了总结和整理，对曲线做了一般研究。费马使用的坐标系有别于笛卡儿的直角坐标系，他用倾斜坐标系建立了圆锥曲线的代数表达式。用现代的观点看，这是一种仿射坐标系，对于研究具体问题来说更方便。以上工作收录在费马于 1629 年完成的《平面和立体的轨迹引论》一书中。

但是，费马没有完全摆脱阿波罗尼奥斯的思想方法的影响，他建立的解析几何虽具有创造性，但不够成熟，主要表现在他对纵坐标如何依赖横坐标的关注不够，没有建立自己的坐标系统，没有清楚地说明把一条直线上的点与一个实数对应起来的基本观点，因此他的方法是不纯粹的。

在笛卡儿和费马之后，解析几何得到了很大的发展。1655 年，沃利斯出版

《圆锥曲线论》。他抛弃综合法，引入解析法和负坐标。1691 年，雅可布·伯努利引入极坐标。1715 年，约翰·伯努利引入空间坐标系。

1731 年，法国数学家克雷洛出版了《关于双重曲率的曲线的研究》一书，这是最早的空间解析几何著作。在空间中建立坐标系，可以把点与三个有序实数组成的实数组一一对应起来。因此，我们可以用方程 $F(x, y, z) = 0$ 表示曲面，用 $F(x, y, z) = 0$ 和 $G(x, y, z) = 0$ 组成的方程组表示空间曲线。空间解析几何主要研究二次曲面，如椭球面、双曲面、抛物面、二次柱面以及锥面等。

1745，欧拉给出了现代形式下的解析几何的系统叙述，成为解析几何发展过程中的重要一步。此后，拉格朗日于 1788 年提出了向量的概念。向量分析的出现对解析几何产生了深刻的影响，它作为有效的数学工具，除了被广泛应用于物理学和工程技术，还渗透到数学的诸多分支里。如今，向量代数是空间解析几何的重要组成部分，正在大学里学习高等数学的学生对此应深有体会。

解析几何可用来解决如下问题：通过计算来作图形，求具有某种几何性质的曲线方程，用代数方法证明几何定理，用几何方法解代数方程，等等。解析几何使代数和几何领域实现了沟通，使数学研究以几何学为主导转变为以代数学和分析学为主导，使常量数学转向变量数学，为微积分的诞生奠定了基础。"数"和"形"的和谐统一带来新的思维方式，帮助人们从三维的现实空间进入更高维的虚拟空间，摆脱了现实的束缚，从有形飞越到无形。

自学成才、享誉世界的华罗庚先生曾写过一首有关"数形结合"的诗，该诗极具哲理，耐人寻味。其中，"数无形时少直观，形缺数时难入微"这句更是广为传颂。现将全诗摘录如下，以飨读者。

数形结合谨记

数与形，本是相倚依，焉能分作两边飞。

数无形时少直观，形缺数时难入微。

数形结合百般好，隔离分家万事休。

切莫忘，几何代数统一体，永远联系，切莫分离。

大数学家的小诗，出于朴素简洁，而归于哲思深奥。数无形少直觉，形无数难入微，数形结合方能威力无穷！代数学的可运算性与几何学的可视性在解析几何里得到了完美结合，数学内部的和谐统一再一次将我们深深折服。

3.6 欧氏几何的叛逆者

美国数学家凯泽曾说："欧几里得的第五公设也许是科学史上最重要的一句话。"此断言从何而来？让我们一起回望历史，追随数学家的脚步，去理解其中的奥义，一窥第五公设带来的颠覆性影响吧。

几何学是关于人类和大自然中的万事万物共存空间的"认识论"，是研究"形"的科学。欧氏几何之所以容易被认可和接受，是因为它和我们在地球表面上的生活经验相符。19 世纪以前，欧氏几何被大多数数学家视为严格性方面的典范，但仍有人觉察到了《几何原本》的不足。

欧氏几何中被质疑的主要问题是第五公设，因为它缺乏其他公理和公设的明显和直观，叙述冗长，且有直线可以无限延长的含义。当时的古希腊人对无限基本上采取一种排斥态度。因此，在《几何原本》问世后的 2000 多年中，不少人试图修正第五公设，认为它可由其余公理和公设推导出，或用更简单或更直观的公设来代替。但是，无数人的无数次尝试均以失败告终。19 世纪初，大批数学家开始意识到第五公设是不可证明的。怎么办呢？数学家想到的办法倒有两个：一是承认它，二是构筑一个新体系。

回顾欧氏几何的第五公设：同平面内的一条直线和另外两条直线相交，若在这条直线同侧的两个内角之和小于 180°，则那两条直线经无限延长后在这一侧一定相交。这样的叙述的确很啰唆。1795 年，英国数学家普莱费尔把第五公设表述为一个令人喜爱的简洁形式，即与第五公设等价的平行公设，也就是"在平面内过已知直线外的一点，只有一条直线与已知直线平行"。

1826 年，俄国喀山大学数学教授罗巴切夫斯基（1792—1856）在多次尝试证明第五公设失败后，想到了一种新方法。他否定第五公设，将其修改为"过直线外的一点，至少能作两条直线与已知直线平行"。这相当于采用反证法，如果

以此代替第五公设后的推理中出现了矛盾，那么就
等于证明了第五公设。他经过细致入微的推理，得
出了一个又一个在直觉上匪夷所思而在逻辑上毫无
矛盾的新奇结论。比如，三角形的内角和小于
180°；在直角三角形中，两条直角边的平方和小于
斜边的平方。罗巴切夫斯基最终得出如下两条重要
的结论。

罗巴切夫斯基

第一，第五公设不能被证明。

第二，在新的公理体系中展开推理所得到的一
系列在逻辑上无矛盾的新定理形成了一套新理论，该理论像欧氏几何一样是完善
的、严密的几何学。

这些新结论构成的几何体系后来称为罗巴切夫斯基几何，简称罗氏几何。这
一发现最初令罗巴切夫斯基既欣喜又担忧，因为他挑战了欧氏几何的权威，更因
为在现实世界中找不到新几何的原型。出于慎重，他将新几何命名为"想象
几何"。

当罗巴切夫斯基在喀山大学学术会议上宣读他的第一篇标志非欧几何诞生的
论文《几何学原理及平行线定理严格证明的摘要》时，不出意料，马上激起了
轩然大波。正统和保守的数学家表现出冷漠、反对和嘲弄，激进派则进行种种歪
曲、非难和攻击。新几何被冠以"荒唐的笑话""对有学问的数学家的嘲讽"之
名，在相当长的一段时间内得不到学术界的公认。

追求真理不仅需要勇气，还要付出沉重的代价。孤立无援且备受压制的罗巴
切夫斯基没有沮丧，继续用俄文、法文和德文发表他的革命性创见。不仅如此，
他还发展了非欧几何的解析和微分部分，使之成为一个完整、系统的理论体系。
代价是他被迫丢掉了所热爱的工作，尽管当时他已经是喀山大学的校长。可见，
让人们接受一个离经叛道的创见有多么困难啊！他遭受不公正待遇之后，不幸又
接踵而至，大儿子病逝，自己患上眼疾，最终双目失明。

在苦闷和抑郁的心境下，罗巴切夫斯基也没停止研究非欧几何。他的最后一

部巨著《论几何学》是他在病逝前一年口授给学生完成的。他为非欧几何奋斗 30 余年，直到去世后 12 年，非欧几何才被广泛认同，对几何学和整个数学的发展起到了巨大的推动作用。罗巴切夫斯基被誉为"几何学中的哥白尼"，他的研究成果也得到了学术界的高度评价。1893 年，作为一份迟来的敬意和纪念，喀山大学为他树立起塑像，这是世界上首位数学家的塑像。

下面要介绍的这位数学家相对于罗巴切夫斯基在创立新几何上表现出来的勇毅与坚持要逊色得多了，他就是匈牙利数学家约翰·鲍耶（1802—1860）。说起鲍耶，需要提及其父、匈牙利数学家沃尔夫冈·鲍耶。这位老鲍耶年轻时也曾钻研过第五公设，并且和高斯是大学时代的好友，二人的关系一直不错。当得知小鲍耶也投身于第五公设的研究时，老鲍耶觉得有必要提出忠告，让儿子远离魔咒，别浪费青春好时光。他写了一封信说："看在上帝的份儿上，我恳求你放弃它……因为它可能占用你所有的时间，剥夺你的健康、心灵的安宁和生活的幸福。"

约翰·鲍耶

彼时的小鲍耶不信邪，有着一股初生牛犊不怕虎的勇气。因为当时的信息传递不如今日迅速快捷，小鲍耶并未读到罗巴切夫斯基的俄文版的新几何论文，他竟然在 1829 年做出了同样的工作。老鲍耶一定很震惊，他把儿子的论文作为附录发表在自己于 1832 年出版的著作中，并将一本著作寄给高斯。高斯在回信中说些啥呢？他的大致意思是："我不能称赞令郎，称赞他就等于称赞我自己，因为论文的全部内容、他的思路以及他所推导的结果都与我自己的发现几乎同出一辙。"原来早在 30 多年前高斯就有此发现，但他从未公开。作为一个深谙世事的大数学家，对于颠覆欧氏几何的后果，他心知肚明。

虽然高斯的回信让人感到意外，但老鲍耶应该有"后浪胜前浪"的欣慰吧。在得知罗巴切夫斯基早几年就发现了新几何时，老鲍耶还说过"许多事物似乎都自有其时令，会在多处同时被发现，犹如紫罗兰在春季到处盛开。"但小鲍耶非常难过，高斯和罗巴切夫斯基对他的自尊心的打击巨大，他害怕研究成果被抄袭，便将其锁入保险柜，再也不愿发表。长期生活贫困，加之抑郁成疾，小鲍耶最终因肺炎逝世。

多年以后，新几何被承认，公正的后人没有抹杀鲍耶的功绩，罗氏几何也常常被称为罗巴切夫斯基-鲍耶几何。

最后，再提及一下高斯吧。早在罗巴切夫斯基和鲍耶之前，他就有非欧几何的思想火花。到 1817 年，他的思想已经很成熟了。为了验证新几何，他还曾测量了三座山峰构成的三角形。他最初把新几何称为"反欧几何"，后来称之为"星空几何"，再后来称之为"非欧几何"。他在生前未将这一重大发现公诸于世，只是小心翼翼地把部分成果写在笔记以及给友人的书信中。

当看到罗巴切夫斯基的德文版非欧几何著作《平行线理论的几何研究》后，高斯表现得十分矛盾，私下称赞罗巴切夫斯基是俄国最卓越的数学家之一，并积极推选他为哥廷根皇家科学院通讯院士。但是，高斯从不以任何形式对非欧几何研究工作进行公开评论。在院士评选会上和他亲笔写给罗巴切夫斯基的推选通知书中，他对非欧几何均避而不谈。1855 年高斯去世以后，他那些关于非欧几何的私人信件被发表，数学家因他的巨大威望而确信应该同时去读罗巴切夫斯基和鲍耶的关于新几何的文章。

如果当初在数学界已有崇高声望和影响力的高斯站出来支持新几何，势必能够保护罗巴切夫斯基少受攻击，也能促进学术界对非欧几何的认可。但他没有冒险，或许是因为害怕和罗巴切夫斯基一样成为众矢之的而明哲保身，或许是因为他坚持"少些，但要成熟"的信条。我们更愿意相信是后者。

3.7　承前启后的巨人

罗巴切夫斯基和鲍耶的新几何在发表后 30 年左右的时间里，因为惊世骇俗和反直觉而被视为异端邪说。一些数学家认为新几何一定有矛盾之处，因而毫无价值，虽然他们并未找出矛盾来。还有一些数学家则不否认新几何在逻辑上的自洽，但坚信物理空间的几何只能是欧氏几何。然而，1854 年高斯的一个杰出弟子——伯恩哈德·黎曼（1826—1866）创立了不同于欧氏几何和罗氏几何的又一种新几何。

1826 年，黎曼出生于德国的一个穷苦的牧师家庭。他自幼多病，性格孤僻，属于沉默内敛型，终生喜爱独处。这一点倒是某些天赋异禀的人物共有的特质。黎曼早年跟随父亲和当地的一名教师接受初等教育，中学时代广泛涉猎数学，20 岁时入哥廷根大学先修神学和哲学，后转攻数学。在大学期间，他有两年去柏林大学就读，在那里受到大数学家雅可比和狄利克雷的影响。1849 年，黎曼回到哥廷根大学。1851 年，他在 25 岁时以关于复变函数和黎曼曲面的论文获得博士学位，他的老师高斯罕见地给予了极高的评价。高斯说："黎曼的论文提供了令人信服的证据，作者对该文所论述的这一问题做了全面深入的研究。作者具有创造性的、活跃的、真正数学家的头脑，具有很强的创造力。"

黎　曼

1854 年，黎曼申请哥廷根大学编外讲师。他准备了两个月，入职演讲的题目是"关于几何基础的假设"。这次演讲得到了高斯等人的极大认可。论文《关于几何基础的假设》是在黎曼去世两年后发表的，成为了里程碑式的科学文献。

黎曼在入职演讲稿中将欧氏几何的第五公设修改为：过直线外的一点，不能作与已知直线相平行的直线。也就是说，他不承认平行线的存在性。他还修改了欧氏几何的第二公设，将"一条有限长的直线段可以不断延伸，成为一条直线"

改为"所有直线都只有有限长度，但没有末端"。这一诡异的修改更令人惊诧莫名。此番修改后，高斯也推出了一系列在逻辑上没有矛盾的新奇结论。这些新结论构成的几何体系后来称为黎曼几何，又称黎氏几何。

事实上，在欧氏几何中否定平行公设引出了罗氏几何与黎氏几何，因而这三种几何的基本差别在于平行公设，故凡是与平行公设无关的欧氏几何的定理在这三种几何中均成立，凡是与平行公设有关的欧氏几何的定理在其他两种几何中都不再成立。罗氏几何与黎氏几何统称为非欧几何。

黎曼的演讲稿还以高斯关于曲面的"内蕴微分几何"为基础，利用和深化了高斯关于曲面的微分几何研究结论，提出用"流形"的概念理解空间的实质，定义几何学为关于流形的一门学科。流形是带有坐标系及定义了两点间最短距离公式的任意维的空间。在三维欧氏空间中，度量公式由 $ds^2 = dx^2 + dy^2 + dz^2$ 给出，这一公式是毕达哥拉斯定理的等价物。利用微分弧长度的平方所确定的正定二次型理解度量，就有了黎曼空间的概念，它将欧氏几何、罗氏几何和黎氏几何统一起来，后被统称为广义的黎曼几何。黎曼的新几何承前启后，将非欧几何推向了一个新高度。

在广义的黎曼几何中，最重要的一种对象是所谓的常曲率空间，对于三维空间有以下三种情形。

①黎曼曲率恒等于 0，对应于欧氏几何。

②黎曼曲率为 -1，对应于罗氏几何。

③黎曼曲率为 +1，对应于黎氏几何。

黎曼几何除了在纯粹数学中极为重要外，还在问世 60 年后为广义相对论提供了最合适的工具。可以说，黎曼的这一著名的入职演讲完全不输于后面讲到的克莱因的埃尔朗根纲领，甚至更胜一筹。陈省身先生曾说"黎曼 1854 年的论文是几何学中的一份基本文献，相当于一个国家的宪法。"

除了非欧几何，黎曼在复变函数、微积分、解析数论、组合拓扑、代数几何、数学物理方程等许多数学领域中都有贡献。黎曼的著作不多，但都深刻且富于创造力和想象力。他的名字出现在黎曼 ζ 函数、黎曼积分、黎曼引理、黎曼流形、黎曼映照定理、黎曼-希尔伯特问题和黎曼曲面等中。他的工作直接影响了19世纪后半叶数学的发展，使许多数学分支取得了辉煌的成就。黎曼的一生，贫困和病痛如影随形。1866年，年仅40岁的黎曼就因肺结核在去意大利休养的途中逝世。

1859年，黎曼提出了关于素数分布规律的黎曼猜想。160多年来，这个世界难题让无数顶尖数学家魂牵梦绕，他们不断接近，却始终无法证明它。这种感觉也许可以用坦塔罗斯的痛苦来形容。2000年，美国克莱数学研究所公布了千禧年世界七大数学难题，并为每个难题设立100万美元奖金，黎曼猜想位列其中。

再回到非欧几何的创立上，那绝对是19世纪数学发展的一个重大突破。在此之前，所有的数学家都认为欧氏几何是物质空间和此空间内图形性质的唯一正确描述，其中的"空间"也专指当时人们所唯一了解的欧氏空间。从实用的角度看，我们在日常生活中确实在应用欧氏几何进行测量和建筑等。德国近代著名哲学家康德曾说："欧氏几何的公理存在于纯粹直觉中，是不可改变的真理。欧氏几何是人类心灵固有的，对于现实空间是客观合理的描述。"

非欧几何能否找到现实的应用，其命题是否具有合理性？自它诞生以来，这些就成为围绕新几何展开讨论的核心问题。1868年，意大利数学家贝尔特拉米发表了非欧几何发展史上的又一篇里程碑式的论文《论非欧几何的实际解释》，通过构造模型给出了两种几何的解释，但他提供的模型比较复杂。此后，德国数学家克莱因和法国数学家庞加莱等先后在欧氏空间中给出了非欧几何的直观模型。他们的主要结论是：如果非欧几何中存在矛盾，这种矛盾也将在欧氏几何中出现，由于欧氏几何一般被认为是真的，所以非欧几何也有了可靠的基础。这些模型化的解释从理论上消除了人们对非欧几何的误解，从而使之获得了广泛的认可。

现在人们普遍接受的看法是：非欧几何是球面上的几何学，其中罗氏几何能在伪球面上实现，黎氏几何能在球面上实现。

伪球面是指由一条曳物线绕一条固定的轴旋转而形成的旋转曲面。通俗的解释是：假设一个人 M 牵着一条狗 A，二者间的距离（绳子长度）为 a，人 M 沿着一条直线 MN 行走，而狗 A 随时随地朝着它的主人 M 沿着曲线 AB 行走，二者

之间保持 $AM = a$ 的定长距离。线 AB 就是曳物线，它绕 MN 旋转而形成的曲面就是伪球面。在伪球面上两点之间的"直线"是指测地线，即两点之间的最短连线。伪球面上的几何就是罗氏几何。

球面上的几何表现为黎氏几何。球面上的"大圆"（即圆心位于球心的圆）为球面上两点之间的"直线"，也称测地线。在这种几何中，直线具有有限的长度（即圆的周长），而没有末端；任何两条直线都相交，且交于两个交点，正如地球仪上的经线所表现的一样。黎氏几何的每一条定理都能在球面上得到合理的解释，比如三角形的内角和大于 180° 这个结果与欧氏几何大相径庭。地球上的 0° 经线、90° 经线和赤道所围成的三角形的内角就是三个直角，它们的和为 270°。

随着社会的进步和科学的发展，人们已经认识到欧氏几何不再是在经验能够证实的范围内描述物质空间的唯一正确的几何，非欧几何的现实性逐渐被证实。最广为人知的例子是爱因斯坦以黎曼几何为工具刻画了广义相对论中的物理空间。在广义相对论里，爱因斯坦放弃了关于时空均匀性的观念，他认为时空只是在充分小的空间里以一种近似性而均匀的，但是整个时空是不均匀的。物理学中的这种解释恰恰和黎曼几何的观念相似。罗氏几何可以用来描述视空间，这是一种从正常的有双目视觉的人的心理上观察到的空间。现在人们的普遍看法是：欧氏几何在日常生活中是适用的；罗氏几何在宇宙空间和原子核里更符合实际；黎氏几何在处理地球表面的航海、航空等问题时更准确，例如航空公司选择长途飞行航线为测地线。

非欧几何的影响是巨大的。一方面，它说明对立的几何是存在的，而且它们同样正确，因而摧毁了人们长久以来建立起来的欧氏几何是绝对真理的信念，深刻地揭示了数学的本质。另一方面，它告诉我们第五公设不是经验上的唯一选择，这为数学提供了一个摒弃实用性、采用抽象与逻辑思维的智慧创造的自由天地。

如果说没有欧几里得的《几何原本》就没有公理化范式的建立，数学及人类文明的发展会缓慢得多，那么也可以说没有黎曼的非欧几何和"流形"，人们就无法理解和发现几何空间以及物理空间的真正本质。

克莱因评价道："黎曼具有非凡的直观能力，他的理解天才胜过所有同时代的数学家。"诚哉斯言！

3.8　几何学之大成

当数学家说几何学基本上是研究不变量的学问时，你是否会感到奇怪？下面就让我们回顾一下这个看法的由来吧。

继非欧几何之后，大批新几何应运而生，数学家自然开始思考何谓几何学。一位聪慧异常且一表人才的年轻人给出了高观点下的一个答案，成为数学史上为数不多的堪称"一览众山小"的大手笔。

克莱因

菲利克斯·克莱因（1849—1925）是德国数学家、数学教育家。1849 年，克莱因出生于德国杜塞尔多夫。1865—1866 年，他在波恩大学学习数学和物理学。他在 17 岁读本科时就成了该校著名的数学和实验物理学教授普吕克的助手。不要小瞧德国大学著名教授的助手，那可不是一般人能够胜任的。泡利、海森堡做过玻恩的助手，劳厄做过普朗克的助手，这几位大名鼎鼎的物理学家做助手时已经博士毕业了。克莱因最初想成为一名物理学家，但是受到普吕克的影响，他选择了数学。1868 年，19 岁的克莱因在普吕克的指导下完成了博士学位论文，大学读了三年就获得博士学位。同年，普吕克去世，留下了未完成的几何基础课题。

此后，克莱因去服兵役。1871 年，他接受哥廷根大学的邀请担任数学讲师。1872 年，年仅 23 岁的他又被埃尔朗根大学聘为教授。要知道在欧洲的大学里，教授席位极其有限。不得不说埃尔朗根大学的负责人独具慧眼，克莱因的入职演讲令这所不拘一格的大学名垂数学史，算得上一种超值回馈。

克莱因入职埃尔朗根大学的演讲题目为"新的几何研究成果的比较分析"，其中给出了"几何学"的一个统一定义：所谓几何学，就是研究几何图形对于某类变换群（若干变换组成的群）保持不变的性质的学问，或者说任何一种几何只研究与特定的变换群有关的不变量。该定义对当时存在的几种几何学进行了整理分类，并为几何学的研究做出了新的、富有成果的研究规划。这一演讲后来以"埃尔朗根纲领"之名广为数学界知晓，深刻地影响了其后数学的演化发展。

克莱因在几何学、拓扑学、复分析、群论和物理学等众多领域都有建树。他透彻地理解了群论的意义，用变换群来划分几何学。他的埃尔朗根纲领作为数学统一性的代表，将几何学的根本性质视为由保其度规的变换群所表示的。以今天的眼光看，群的根本背景是物理的运动。在群论产生之前，尽管运动是数学不能回避的一个课题，但还没有一个系统和强大的工具。群论的产生不仅使数学有了新的发展方向，而且有了新的理念。群论逐渐渗透到数学的其他领域，改变了整个数学的面貌。埃尔朗根纲领就是一个典型的例子。

再来剖析一下克莱因的基本观点，那就是每一种几何学都是由变换群所刻画的，并且每种几何学要做的就是考虑这个变换群下的不变量，或者说任何一种几何学只研究与特定的变换群有关的不变量。因此，变换群的一种分类对应于几何学的一种分类。一种几何学的子几何学是原来的变换群的子群下的一族不变量。在这个定义下，相应于给定变换群的几何学的所有定理仍然是子群中的定理。他还提出对于一一对应的连续变换下具有连续逆变换的不变量的研究，也就是在同胚变换下讨论不变量，这是拓扑学的研究范畴。将拓扑学作为几何学科，这在当时是极其超前的思想。尽管以前就有很多数学家认识到几何学与群论就像一枚硬币的两面，但这种思想经历了漫长的时间，直到克莱因给出埃尔朗根纲领时才明确，这说明几何学与群在本质上是一样的。

埃尔朗根纲领使得 19 世纪 80 年代所发现的各种几何学之间显示出更加深刻的联系。按照变换群进行分类的思想是埃尔朗根纲领的精髓。例如，经过刚体运动不变的性质就是度量性质，研究度量性质的几何学称为度量几何（欧几里得几何）；经过仿射变换不变的性质就是仿射性质，研究仿射性质的几何学称为仿射几何。克莱因以射影几何为基础对几何学做的分类如下：射影几何包括仿射几何、单重椭圆几何、双重椭圆几何（黎曼几何）和双曲几何（罗氏几何）；仿射几何又包括抛物几何（欧几里得几何）和其他仿射几何。

通俗地讲，在数学中，保持距离的映射称为刚体运动，全体刚体运动构成运动群。举例来说，欧氏平面中的长度、角度、直线和圆等在刚体运动下保持不变，这些对象都自然属于欧氏几何的研究范畴，所以欧氏几何讨论两点之间的距离、两条直线之间的夹角、半径一定的圆的面积等这些刚体运动的不变量。非欧几何则使用不同的变换群，所以讨论的范畴是相应的变换群下的不变量。

埃尔朗根纲领的提出意味着对几何学的认识的深化，它把所有的几何学化为统一的形式，明确了古典几何学的研究对象，同时展现出如何建立抽象空间所对应的几何学的方法，指引了几何学研究长达 50 年之久，意义深远。但是，时移世易，世界总在不断发展变化。现在人们发现，并非所有的几何学都可以被纳入克莱因的分类之中，例如现在的代数几何、微分几何就不可以。虽然不能包罗万象，但埃尔朗根纲领给大部分几何学提供了一种系统的分类方法，并提出了许多可供研究的问题。克莱因强调的变换下不变的观点已超出了数学而进入其他领域（例如在力学和理论物理中变换下不变的物理问题，以及物理定律的表达式不依赖坐标系的问题）。这种思路对于相对论的产生亦是一种指引。如此，数学对物理学的启发又可略见一斑。

23 岁就成为数学教授的人中翘楚克莱因先后在埃尔朗根大学、慕尼黑工业学校和莱比锡大学任教，1886 年受聘回到哥廷根大学。他当初曾在这里工作过一年，这里是"数学王子"高斯求学和工作的地方，有着极其优良的数学传统。直至 1913 年退休，克莱因一直都在哥廷根大学工作。凭借巨大的科学威望及卓越的组织才能，他招揽了希尔伯特、闵科夫斯基等大数学家，打造出了一个具有自由民主、团结合作、开拓创新氛围的学术殿堂，使哥廷根大学成为 20 世纪初的世界数学中心，令全世界有志于数学研究的青年神往，开创了哥廷根学派 40 年的伟大基业。

作为数学教育家，克莱因除了培养了大批优秀的学生，还致力于数理科普工作。他于 1894 年发起了《数学科学百科全书》的编纂工程，这套百科全书后来成了数理综述著作的典范。1908 年起，他编著了《高观点下的初等数学》，这套书共有三卷，其中第一卷为算术、代数学与分析学，第二卷为几何学，第三卷为精确与近似数学。大数学家站在高处，不采用故作深奥的大量数学符号和烦琐的计算，更不屑于一鳞片爪，而是展示在全貌与关联下的深度和广度，恰如埃尔朗根纲领般的高瞻远瞩。而这些也许只有数理大师才可以做到，普通人只有钦佩、仰望和感激的份儿。

克莱因认为"一位数学教师的职责是使学生了解数学并不是孤立的各门学问，而是一个有机的整体"。这就是说，数学教师应该站在更高的视角来审视他的教学内容。站得高，望得远，高观点下的教学自然更通透。

3.9　数学的新舞台

我们以前讲过历经 2000 多年的努力，数学家在欧几里得第五公设的启发下建立了三种独立的、地位平行的几何学。

①欧氏几何（欧几里得几何）：创始人为欧几里得。

②罗氏几何（罗巴切夫斯基几何）：创始人为高斯、鲍耶和罗巴切夫斯基。

③黎氏几何（黎曼的球面几何）：创始人为黎曼。

那么这三种几何学之间除了平行公设的区别之外还有哪些密切的联系？是否存在一个更加宏伟的框架将这三种几何学统一在一起，从更高的视角去俯瞰它们呢？前面略有提及，本节将进行较为详细的阐释。

这次又轮到黎曼博士出场了。前面已介绍过这位才华横溢的数学家，据说他在 14 岁时就完成了 6 天读完勒让德的 800 多页数论巨著的壮举。后来，他师从狄利克雷和高斯这两位数学大师。可谓名师出高徒，黎曼是公认的古典数学向现代数学过渡时期具有承前启后作用的枢纽性人物。众所周知，数学史上人们公认的四大数学家分别是阿基米德（"数学之神"）、牛顿（"科学第一人"）、高斯（"数学王子"）和欧拉（"分析的化身"）。如果评选五大数学家的话，黎曼应该可以排在欧拉之后。

黎曼当时从更高的高度统一三种几何学是受了老师高斯的曲面内蕴几何的启

发。曲面内蕴几何的主要研究对象是不依赖该曲面在三维空间中特定的摆放形式而只与该曲面本身有关的几何量与几何性质。高斯发现这些内蕴几何量与几何性质实际上可以通过曲面上的度量。更精确地说，它们由曲面的第一基本形式 $ds^2 = Edu^2 + 2Fdudv + Gdv^2$ 所决定。这个深刻的洞察被总结在高斯绝妙定理中。能被"数学王子"高斯认为绝妙的定理自然非同凡响。高斯的思想大大启发了黎曼，他注意到曲面的第一基本形式是关于 dx 和 dy 的二次型，二次型理论当时在线性代数中已经比较完善，在代数上很容易推广到 n 个变量。比如，在上面的式子中，令 $g_{11} = E$，$g_{12} = F = g_{21}$，$g_{22} = G$，$du = dx^1$，$dv = dx^2$，则有

$$ds^2 = g_{11}(dx^1)^2 + g_{12}(dx^1dx^2) + g_{21}(dx^1dx^2) + g_{22}(dx^2)^2$$

$$= \sum_{\mu,\nu=1}^{2} g_{\mu,\nu}dx^\mu dx^\nu$$

用这样一种对称的方式写出来的第一基本形式还可以写得更简单一点儿。我们可以把求和符号直接扔掉，得到 $g_{\mu,\nu}dx^\mu dx^\nu$，并且约定重复的上、下角标就代表求和。这种约定粗看是一种比较懒惰的做法，被称为爱因斯坦约定。爱因斯坦约定并非只为偷懒这么简单，我们利用它可以摆脱多重求和符号的束缚，从更加本质的角度去看待和与积之间的关系。比如，约定 μ 和 ν 角标重复对 1 到 n 求和，就自然过渡到了 n 元二次型。

每个自由变量代表一个自由度（即一个维度），n 个变量自然对应于一般的 n 维空间。这样通过对二次型的形式推广，黎曼很自然地过渡到了一般的 n 维空间，考虑 n 维空间中由 n 元二次型所决定的几何学。

这无疑是黎曼思想的一个大飞跃，但这个 n 维空间该如何定义，进而将之前的三种几何学自然地纳入其中作为特例呢？黎曼从曲面本身受到了启发。比如，地球表面显然是一个二维的球面，站在地面上看时，发现大地一马平川（平直的），但如果跳出地球在太空中看，就会发现地球实际上是一个球体（弯曲的）。换句话说，地球表面在局部上是平直的，在整体上是弯曲的。黎曼把这一从平面中总结出来的特征平推到一般的 n 维空间，于是得到了数学中一个非常重要的概念——流形。所谓流形，指的是一个 n 维空间，它在局部上与 n 维的平直空

间——欧几里得空间同胚，但整体上是弯曲的。简而言之，这就是所谓的"局部欧整体弯"。通过对定义的解读，可以看出当年著名数学家江泽涵先生翻译的"流形"（意为"流动的形状"，英文是 manifold）这个中文译名是多么信达雅！

黎曼的伟大之处远不止此，他敏锐地意识到几何学主要研究的应该就是流形上的内蕴几何，即由流形上的黎曼度量（即曲面第一基本形式的推广，是一个 n 元正定二次型）所决定的几何量与几何性质。黎曼在 1854 年就任哥廷根大学讲师职位的就职演讲中提出了关于几何学的伟大思想。当时，黎曼实际上报了三个题目：第一个是关于复变函数的，第二个是关于三角级数的，第三个才是关于黎曼几何的。黎曼对前两个题目已经研究得比较透彻了，而他对第三个题目实际上并没有特别仔细地进行研究，所以他将其放到了最后。当时审阅黎曼演讲题目的人正好是高斯，他不但领悟到了第三个题目的纲领性意义，而且敏锐地意识到黎曼的研究内容就是他关于曲面内蕴几何的研究工作的推广。高斯本人对几何学情有独钟，曾经花费 10 年时间指导德国的大地测量工作。除了服务于国计民生外，他也是为了印证自己关于曲面内蕴几何的研究成果。

基于上述原因，高斯让黎曼选择第三个题目做演讲。黎曼没有辜负高斯的期望，他在就职演讲中提出了许多富有创见的深刻思想。不过，他当时可能考虑到现场的听众大都不是数学专业人士，所以没有讲什么数学公式，通篇都在讲哲学。即使这样，下面也基本上没人听得懂，可能唯一能听懂的人就是高斯。据说高斯在走出会场的时候，以罕见的激动心情对黎曼的演讲给予了极高的评价，认为黎曼抓住了几何学的本质。黎曼的思想的确对后世影响深远，后人理解和消化他的思想又花了几十年时间。

以流形为基础的黎曼几何与之前我们讲的欧氏几何、罗氏几何与黎氏几何的关系是什么呢？黎曼利用流形上的黎曼度量 g 构造了刻画流形弯曲程度的几何量，称之为黎曼曲率。当然，黎曼曲率的构造不能太随意，它需要在低维时有相应的几何背景，当维数 $n=1$ 时就回归到曲线的曲率，而当 $n=2$ 时即为曲面的高斯曲率。利用黎曼曲率这一强大的工具，黎曼成功地将之前的三大几何学以其特例的身份纳入黎曼几何的庞大体系之中。

还要再说一句，黎曼的演讲其实和他做研究的风格也有关。当对数学的理解达到了黎曼的那种境界时，公式推导和证明推演只是一些具体的招式，而对于几何学乃至数学和哲学的理解与阐释才是关键，因此我们不难理解黎曼被称为"数学哲学家"的原因了。

第 **4** 章 ▶▶▶
从勾股定理谈起

4.1 度量的实质

你也许在上小学时就听说过勾股定理。作为一个只会简单的加减乘除，语文水平又十分有限，特别是对古文完全懵懂的小学生，当时你可能只是感觉勾股定理的名字好神奇。即便后来在初中数学中学习了这一定理，你也许仅仅把它当作在学校里学习的知识，用以完成某些题目，完全不理解其中更深刻的含义。你的这种经历并非个例。

约公元前 1 世纪成书的《周髀算经》是中国最古老的天文学和数学著作。《周髀算经》中的"周髀"是指周代用来测量日影的有刻度的木杆，"经"是指"算"的标准。该书共分两部分，前者为"周公商高对答"，后者是"容方陈子问答"。如此看来，西方有苏格拉底、柏拉图以不断追问问题的形式启发心智的文字记录，中国也有以对答形式阐述道理的科学著作。

《周髀算经》记载了公元前 11 世纪周朝数学家商高对周公说的一段话："……故折矩，勾广三，股修四，径隅五。"这段话的意思为当直角三角形的两条直角边分别为 3（勾）和 4（股）时，径隅（弦）则为 5。后人将其总结为"勾三、股四、弦五"，并根据该典故称之为勾股定理或商高定理。这是《周髀算经》在数学上最主要的成就。周公是周武王的弟弟，商末周初的儒学先驱，一位集政治、军事及教育才能于一身的杰出人物。商高是否确有其人，一直被史学家质疑，有人戏说是"商朝的高人"之意。

前面说过，在西方最早提出"直角三角形的两条直角边的平方和等于斜边的平方"的结论并用演绎法给出完整证明的是公元前 6 世纪古希腊的毕达哥拉斯。值得一提的是，虽然商高早于毕达哥拉斯 500 多年就提出了勾股定理，但他并没有给出完整的证明。因而，西方人习惯称此定理为毕达哥拉斯定理。据说毕达哥拉斯学派因为发现勾股定理而欣喜若狂，宰杀百牛供奉神灵，表示庆贺与感恩。当然，这 100 头无辜的牛不会兴高采烈。因此，这条定理也有"百牛定理"之称。然而，现代人更喜欢追踪溯源，有人根据毕达哥拉斯学派的严格素食主义约定，质疑该定理名字来源的真实性。

据说勾股定理约有 500 种证明方法流传于世，公开发表的证法就有 370 多种，数量惊人。参与证明勾股定理的人中既有数学家也有数学爱好者，既有达官显贵也有普通民众，足见其魅力十足。清末数学家华蘅芳在西学东渐的过程中对几何学和代数学在近代中国的传播做出了巨大贡献，他提供了 20 多种有关勾股定理的精彩证法。可以说没有其他定理能够引起人们如此巨大的热情，其原因恐怕与它那简洁优美的表达形式有关。如此多的方法，实在令人难以想象，其中不乏构思精巧的数学珍品，比如下面这两个采用数形结合的方法进行证明的经典例子。

例子一：公元 3 世纪，三国时期的数学家赵爽在为《周髀算经》做注释时以构造法给出了《勾股圆方图注》。他的证法为："勾股相乘为朱实二（即直角三角形的两条直角边 a 与 b 相乘等于两个红色直角三角形的面积），倍之为朱实四。以勾股之差自相乘为中黄实［即 $(b-a)^2$ 等于中间的黄色小正方形的面积］。朱实四加中黄实一亦成弦实［即 $4 \times \dfrac{a \times b}{2} + (b-a)^2 = c^2$，化简得 $a^2 + b^2 = c^2$］。"

赵爽在证明中采用的图案被称为"弦图"，曾作为 2002 年在中国举办的第 24 届国际数学家大会的会标，足见其影响力。

例子二：美国第 20 任总统加菲尔德最初的证法是针对直角梯形给出的，也就是在右下图中将以 c 为边长的小正方形沿对角线剖开。事实上，大正方形的面积等于中间的小正方形的面积加上 4 个三角形的面积，即 $(a+b)^2 = c^2 + 4 \times \dfrac{1}{2}ab$，化简得 $a^2 + b^2 = c^2$。

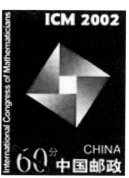

勾股弦图

公元前 2500 年，古埃及人在修建宏伟壮丽的金字塔和测量土地面积时都用过勾股定理。公元前 3000 多年前的古巴比伦人不但知晓和应用勾股定理，甚至还掌握了许多毕达哥拉斯三元数组。美国哥伦比亚大学图书馆收藏有一块编号为"普林顿 322"的古巴比伦时代的楔形文字泥版书，上面记载了很多毕达哥拉斯三元数组。这块珍贵的泥版书因曾被一位名为普林顿的人收藏而得名，"322"是图书馆的收藏编号。"普林顿 322"上有一个 4 列 15 行的表格，该泥版书以前一直被认为是一个商业账目表。1945 年，美国数学史学家诺依格鲍尔首先揭示了其数论意义——与毕达哥拉斯三元数组密切相关。

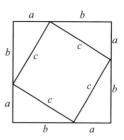

加菲尔德的证法变式

"普林顿 322"泥版书

诺依格鲍尔认为"普林顿 322"泥版书的种种迹象表明，古巴比伦人可能已经发现了毕达哥拉斯三元数组的产生法则，即任意一组素毕达哥拉斯数(a，b，c)(a，b，c 两两互素) 可以表示为如下形式：

$$a = 2pq, \ b = p^2 - q^2, \ c = p^2 + q^2$$

其中，p 和 q 互素，$p > q$ 且不同时为奇数。因为毕达哥拉斯三元数组远远超出了古巴比伦时代人们的认知水平，也无法在现存的其他泥版书中找到应用的佐证，所以对于这一解读，学者们持审慎的态度。此后，陆续有学者对"普林顿 322"泥版书给出不同视角下的解读。

简洁的形式和广泛的应用使勾股定理家喻户晓，而数学家则看到了更深刻的东西，那就是勾股定理反映出的重要本质——"空间"中两点间的距离。例如，欧氏平面上的两个点 $P_1(x_1, y_1)$ 和 $P_2(x_2, y_2)$ 之间的距离公式为：

$$d(P_1, P_2) = \sqrt{(x_1 - x_2)^2 + (y_1 - y_2)^2}$$

这是勾股定理的一个简单的推论。三维欧氏空间中的两个点 $P_1(x_1, y_1, z_1)$ 和 $P_2(x_1, y_1, z_1)$ 之间的距离公式为：

$$d(P_1, P_2) = \sqrt{(x_1 - x_2)^2 + (y_1 - y_2)^2 + (z_1 - z_2)^2}$$

这也可以用勾股定理来加以说明。进一步，距离的概念可以推广到 n 维欧氏空间及一般的度量空间中去。所谓度量空间就是一个集合，其中任意两个元素之间都可以定义距离。当然，这里的距离是欧氏空间中距离概念的抽象化。有了距离和度量，才能定义分析学中最基本的极限、连续等概念。这些均为大学数学专业课程里面的基本内容。

1907 年，爱因斯坦在瑞士苏黎世联邦理工学院时期的老师闵可夫斯基把距离这种想法加以推广，提出了被称为闵可夫斯基时空的四维时空。他以虚数单位 i、时间 t 及光速 c 相乘得到的 ict 为其中一轴，称之为时间轴，其他的 x 轴、y 轴、z 轴称为空间轴，表示通常的空间。四维时空中的每一个点都代表一个事件 E，对应于特定的惯性参考系。E 发生的时间和地点为 (ct, x, y, z)。在闵可夫斯基时空中，两个时空坐标分别为 $P_1(ct_1, x_1, y_1, z_1)$ 和 $P_2(ct_2, x_2, y_2, z_2)$

的事件的时空距离被定义为

$$d(P_1,P_2) = \sqrt{-c^2(t_1-t_2)^2+(x_1-x_2)^2+(y_1-y_2)^2+(z_1-z_2)^2}$$

闵可夫斯基时空为爱因斯坦构建狭义相对论奠定了数学基础。

明末清初学者黄宗羲认为西方的几何学来源于《周髀算经》中的勾股之学，称之为"几何学的基石"。历经千年的检验，勾股定理如今被誉为"千古第一定理"，它联系数与形，产生了距离的概念，发展了微积分乃至一般度量空间，导致了无理数的发现，促进了数系的发展，将数学从实验数学（计算与测量）阶段推进到演绎数学（推理与证明）阶段，并且人们由此最早得到完美解答的不定方程，促进了包括费马大定理在内的各式各样的不定方程的研究。

1971 年，尼加拉瓜发行了一套由世界著名数学家选出的名为"改变世界面貌的十个数学公式"的邮票，之前我们讲过"$1+1=2$"位列第一，而勾股定理则位列第二。作为人类文明的象征，勾股定理备受推崇。华罗庚先生曾建议，让宇宙飞船带上表示勾股定理的图形飞往太空，如果宇宙中还存在其他文明，他们一定会识别出勾股定理，并由此与地球人建立联系。

"改变世界面貌的十个数学公式"之勾股定理

4.2 变量数学的开端

提起微积分，大学生甚至高中生都不陌生。微积分是大学阶段高等数学课程的核心内容。美国康奈尔大学数学教授史蒂夫·斯托加茨的数学科普著作在世界范围内有一定的影响。他近年出版的著作《微积分的力量》在国内畅销，我们的同事几乎人手一本。该书封面上印有两行字"从宇宙的深奥谜题，到科技的发明创造，再到日常的衣食住行，微积分的力量无处不在"，此言不虚。但当我们仅仅把微积分视为一门需要考试、取得学分的枯燥课程时，那些"真正的力量"将消失殆尽。

暂时忘却让人"想说爱你不容易"的学校形态的微积分教学，让我们一同了解一下微积分的前世今生吧。

了解语言学的读者也许知道，"微积分"的英文是"calculus"，本身是拉丁词汇，原意是"一种计算用的小石头"，而"计算"一词的英文"calculate"正源于此。

微积分主要分为微分和积分两部分。大致说来，微分学关注的是曲线斜率、瞬时速度等变化率这类问题，积分学关注的是面积、体积和转动惯量等整体效果这类问题。当然，在解决实际问题时通常需要将二者结合起来。尽管在微积分的名字和教学中，微分学总是排在积分学的前面，但就历史发展过程而言，积分学的出现和应用远早于微分学。

战国时期道家学派的代表人物庄子讲究清静无为，但其"道法自然"的思想深邃广阔，实在是有为的表现。他所著的《庄子·天下篇》中那句被广泛引用的"一尺之棰，日取其半，万世不竭"包含了无限细分的思想。魏晋时期的数学家刘徽被今人称为"中国的欧几里得"，他在为《九章算术》做注释时提出了计算圆的周长和面积的"割圆术"。他的方法是：从圆的内接正六边形出发，逐次将边数加倍，一直算到一百九十二边形，得到圆周率 π 的近似值 3.14，又算到三千零七十二边形，得到 π 的近似值 3.1416，后人称之为"徽率"。刘徽指出的"割之弥细，所失弥少，割之又割，以至于不可割，则与圆合体而无所失矣"体现的仍是无限细分的思想。无限细分中的"无限"实际上是朴素的极限概念，为微积分的基础。

南北朝的祖暅是祖冲之的儿子，祖冲之因为对圆周率计算的贡献成为西方人眼中最著名的中国古代数学家。祖暅对体积的计算做出过重要贡献，他于 5 世纪

庄　子　　　　　　　　刘　徽　　　　　　　　祖冲之

提出并证明了"幂势既同，则积不容异"，也就是说若两个等高的立体图形在所有等高处的水平截面的面积均相等，则这两个立体图形的体积相等。打个简单的比方，将 10 枚硬币摞在一起，无论它们如何倾斜，得到的立体图形的体积不变。利用这一原理，祖暅在中国数学史上首次得到了计算球体积的正确公式。刘徽也曾苦苦寻求球体积的计算公式。在研究过程中，他提出了"牟合方盖"——倒扣的两把横截面是正方形的伞所围的立体图形。刘徽得到的结果是牟合方盖的体积与其内接球的体积之比为 $4 : \pi$，因此计算出牟合方盖的体积后便可求出球的体积。遗憾的是他没有找到解决方法就去世了，100 多年后祖冲之父子接力完成了关于牟合方盖和球体积的计算。而今，我们可以在微积分教材中看到这样一个例题或练习题：求由两个圆柱面 $x^2+y^2=a^2$ 与 $x^2+z^2=a^2$ 所围的立体图形的体积。但几乎所有的教材都未指出这一图形的那个颇具古韵的名字、中国数学家的成就以及这一成就背后的智力奋斗过程，仿佛那一切已完全隐入历史的尘烟中。

接下来，我们再穿越到 2000 多年前曾引领人类文明方向的古希腊。那时的学者用多元和广阔的视角关注天空、大地以及人类自身的问题，更不缺少自由与畅想的灵魂。他们在尝试求圆面积的精确值时就产生了将圆的面积用其内接和外切正多边形的边数无限倍增的方法来趋近的思想，认为圆的面积可以取为边数无限多的内接和外切正多边形面积的平均值。欧多克索斯对这一思想做出了重大发展，提出了穷竭法，欧几里得将之收录到《几何原本》中。前文提到，阿基米

开普勒

德后来更是将穷竭法发展到了顶峰，他不仅用穷竭法推算出 $3\frac{10}{71} < \pi < 3\frac{10}{70}$，还求出了抛物线弓形的面积、球的体积等。在推导球的体积公式时，阿基米德所用的方法实质上就是处理定积分问题时常用的微元法。

第一个试图阐明阿基米德的方法并予以推广的人是德国天文学家和数学家开普勒。大家熟悉这个名字，皆因为开普勒行星运动三定律。开普勒一生坎坷贫困，他的墓志铭"我曾观测苍穹，今又度量大地，灵魂遨游太空，身躯化为尘泥"令人动容。1615 年，开普勒撰写了《酒桶的新立体几何》一书，介绍了用无数个无限小元素之和求曲边形面积和旋转体体积的许多问题，并求出了 87 种旋转体的体积。为了求圆的面积，他将圆分成无数个无限小的扇形，再用小等腰三角形来代替小扇形，从而得到圆的面积为

$$S = \frac{1}{2}r \cdot AB + \frac{1}{2}r \cdot BC + \cdots = \frac{1}{2}r \cdot (AB + BC + \cdots) = \frac{1}{2}r \cdot 2\pi r = \pi r^2$$

其中，r 表示圆的半径，AB，BC，$\cdots$ 表示圆弧的长度。

意大利数学家卡瓦列利是开普勒工作的继承者，他于 1635 年出版了《不可分量的几何学》一书，引入了所谓的"不可分量"，并提出了著名的卡瓦列利原理。这是计算面积和体积的有力工具。他认为线是由无限多个点组成的，面是由无限多条平行线段组成的，立体则是由无限多个平行平面组成的。他将这些元素分别称为线、面和体的"不可分量"，并建立了关于这些不可分量的普遍原理——卡瓦列利原理。

虽然祖冲之父子得到的球体积公式比阿基米德晚，但方法及推导都是由刘徽与祖冲之父子独创和完成的，特别是其中使用的祖暅原理是中国古代数学的杰出成就。祖暅原理与卡瓦列利原理（体积情形）完全一致，但比后者早了 1000 多年。

1656 年，英国数学家沃利斯把卡瓦列利的方法系统化，使"不可分量"更

接近定积分的计算。他在其所著的《无穷算术》中明确提出了极限思想。在此之前，费马于 1637 年在其著作《求最大值和最小值的方法》中给出了求曲线的切线和函数极值的方法。牛顿在剑桥大学的老师巴罗不仅给出了求曲线切线的方法，而且揭示了求曲线的切线和求曲线所围成的图形面积这两个问题的互逆性。至此，微积分已呼之欲出了。

为了全面清晰地了解微积分的产生和发展历程，有必要简述一下相关背景。16 世纪，欧洲处于资本主义萌芽阶段，生产力得到了极大发展，生产生活诸多方面的需要向自然科学提出了新的研究课题，迫切需要力学、天文学等基础学科给予回答。归纳起来，主要有两类基本问题：已知路程，求速度；已知速度，求路程。在等速情形下，可以用初等数学完美解决这两个问题，但在变速情形下，初等数学无能为力，其局限性暴露无遗。然而，我们人类生活在一个不断运动变化的世界中，运动是绝对的，需要一种刻画"运动"的数学也就是自然而然的了。

17 世纪上半叶，由于笛卡儿等人创立了解析几何，开始有了变量的概念，并把描述运动的函数关系和几何中曲线与曲面问题的研究统一了起来。前面所讲的力学中的两个最基本的问题正好与初等几何一直未解决的两类问题完全一致。这两类问题是求任意曲线的切线和求任意曲线所围图形的面积，而这两类看似不相关的问题是互逆的。

牛顿和莱布尼茨在前人工作的基础上，分别从力学和几何学出发，将微分和积分联系起来，给出了标志二者作为互逆运算本质的"微积分基本定理"，各自创立了微积分。牛顿作为物理学家，侧重于力学研究，突出速度的概念，考虑速度的变化，建立了微积分的计算方法。他于 1665 年创造了"流数法"（即求导数的方法），并利用这种方法从开普勒的行星运动三大定律推出了万有引力定律，再根据万有引力定律解决了许多力学和天文学问题。莱布尼茨则突出了切线的概念，从变量的有限差出发引入微分概念。他特别重视寻求创造发明的普遍方法，创设了沿用至今的简洁优美的微积分符号和普适的微积分法则。牛顿和莱布尼茨大体上完成了微积分的主要构建工作，虽然微积分大厦的奠基工作还远未结束，第二次数学危机将很快到来。

　　微积分的发展道路实际上大致经历了三个阶段：一是极限的模糊概念；二是用积分法求静态的体积、面积等工作；三是用微分法考虑变化率这类动态问题，进而发现微分与积分互逆的研究过程。

牛　顿　　　　　　　　　　　莱布尼茨

　　微积分的出现将变量数学的大幕缓缓拉开，数学的世界展现出更加深邃、迷人的一面。这是由初等数学向高等数学转变的一件具有划时代意义的大事，也是使数学一下子从幕后走到台前成为闪亮主角的里程碑。有了微积分，人类才有能力认识和掌握运动变化的某些规律，初等数学曾束手无策的问题也都迎刃而解，大工业生产突飞猛进。如今，交通、通信、航天、医学等诸多领域无处没有微积分的影子。在人类社会的现代化进程中，微积分显示出了非凡的威力。

　　恩格斯评价微积分是"人类精神的最高胜利"，"现代计算机之父"冯·诺依曼评价微积分是近代数学中"最伟大的成就"，现代教育界更是公认学习微积分有助于逻辑思维、分析、计算、应用等综合素质的培养。

　　微积分如此重要，以至于英国数学家与德国乃至欧洲大陆的数学家为微积分的发明权争论了100多年，而因为不愿接受莱布尼茨的符号系统，英国的数学一度停滞不前。荣誉之争无可厚非，最终牛顿和莱布尼茨也各得其所。

　　生活与行走在这个运动变化的世界中，我们除了感受到人类个体命运的波诡云谲，同样应该感谢微积分让我们多了理性的思考，去更深入地了解浩瀚宇宙运行的奥秘，洞悉那些看不见的真相。

4.3 从微分到变分

数学的发展得益于许多实际问题，而提出问题有时显得尤为重要。伟大的阿尔伯特·爱因斯坦曾说过："提出一个问题往往比解决一个问题更重要，因为解决问题也许仅是一项数学上或实验上的技能而已。而提出新的问题、新的可能性，从新的角度去看旧的问题，都需要有创造性的想象力，而且标志着科学的真正进步。"本节将阐述的最速降线问题就是对爱因斯坦的这段话的最好诠释，也是数学史上最著名、最经典和最精彩的数学问题之一，因为它催生了分析学的一个重要分支——变分法。

1638 年，"现代科学之父"伽利略在他的著作《关于两门新科学的对话》中提到了这样一个问题："一个质点只在重力的作用下，从静止状态由一个给定点 A 到不在它的垂直下方的另一个点 B，如果不计摩擦力，沿何种曲线滑下所需时间最短？"如果形象一点儿，想象一个足够光滑的小球，假如它和刚好容纳它的凹槽之间没有任何摩擦力，那么小球沿哪种形状的凹槽（非垂直的）滑下时速度最快？该问题后来称为最速降线问题。伽利略当时认为不是直线，而是圆弧，并用实验验证了沿弧线滑下的小球比走直线的小球下降得快，但并未给出证明。当然，这个答案后来被证实是错误的。

好问题不会被湮灭，是金子总会发光。半个多世纪以后，1696 年 6 月，数学界赫赫有名的瑞士伯努利家族的约翰·伯努利重新提出了最速降线问题。他向全欧洲的数学家发问，以高傲的语气和姿态说了一段很能鼓舞人心的话。他表达的核心意思是：有一个对于这个时代最优秀的数学家而言极具挑战性的问题，如果谁能正确解决它，绝对可以获得名垂青史的机会。同时，他宣称自己已经得到了问题的答案，还明确表示"即使那些对自己的方法自视甚高的数学家也解决不了这个问题"。有人说这是在影射牛顿，因为约翰是莱布尼茨的追随者，而莱布尼茨和牛顿正在争夺发明微积分的优先权。约翰将挑战的时间限定为 6 个月，但遗憾的是在此期限内他没有收到任何反馈。也许这个问题实在太困难，也许没有一流的数学家注意到这个问题，后来挑战时间又延长了一年半。

1697 年 1 月 29 日，时任伦敦造币厂总监的牛顿忙碌一天后回到家，看到了约翰关于最速降线问题的挑战信。尽管当时牛顿已经 50 多岁且沉迷于神学，但这丝毫不影响牛顿与生俱来的聪明才智，他仅用一个晚上就解决了这个问题，并将其匿名发表在剑桥大学的《哲学会刊》上。据说约翰读到该论文后立刻猜出了作者，并惊呼"从爪印上就认出了雄狮"。牛顿的解答十分简洁，一切都是实力使然。他没有给出详细的推导过程，基本上算是只写了答案。事实上，约翰自己花了两周时间才解出这个问题。牛顿后来对他的朋友说："我不喜欢一些人在数学上挑战我……"足见天才的傲娇。除了牛顿，莱布尼茨和洛比达也各自独立解决了这个问题。莱布尼茨不必说，他是微积分的创始人之一，也是一位哲学大师。洛必达这个名字被大学生熟悉是因为那个极其好用的洛必达法则。以上这几位用的都是微积分的方法。

约翰的亲哥哥雅可布·伯努利也解决了最速降线问题，但是他用的方法不是传统的微积分，而是独创的一种孕育变分法的新方法。他的这种另辟蹊径的方法对数学的发展影响深远。约翰的方法比较简洁漂亮，雅可布的解法烦琐，但更具一般性。不可思议的是这两位亲兄弟性情暴戾，互相嫉妒，因最速降线问题而发生言辞粗野的口角之争达数年，被描述为"很像市井上的对骂而绝非科学讨论"。哥哥研究出高端的变分法竟然是为了一雪前耻，即"悬链线问题"，那是另一个故事了。不管怎样，对于数学来说，这并非坏事！

伯努利兄弟——雅可布（左）和约翰（右）

首先看一下约翰的"奇思妙想"，这需要从一个看似完全不相干的光学问题说起。1657 年，费马发现了最小时间原理及其与光的折射现象的关系，这是走向光学统一理论的最早一步。最小时间原理的内容是：光沿所需时间最短的路径行进。至于光为啥有思维，会"偷懒"，不得而知。但这条原理给光的折射定律提供了合理的根据，之前这条定律是由荷兰天文学家兼数学家斯涅耳通过实验发现的，但他不清楚其意义。有了最小时间原理，可以求出光在可变密度媒介中传播的路径。

约翰将质点在两点 A 和 B 之间行进的路径类比为光线。光在同一介质中的传播速度不变且沿直线传播，但在不同介质中传播时，光会在两种介质的交界处发生折射。根据最小时间原理，光的折射满足折射定律。尽管没有根据，但通过这一巧妙类比，再根据光学、力学及微积分的知识，他得到了最速降线的形状——连接 A 和 B 两个点的上凹的唯一一段倒置的旋轮线（或摆线）。

变分法的思想可简述如下。我们学习过微积分，知晓怎样求一元函数的极大值或极小值，其必要条件用到函数的微分为 0。在变分法里，要考虑的则是依赖整条曲线的某个量。例如，给定平面上的两个点，可以有无穷多条曲线连接这两个点，问哪条曲线绕 x 轴旋转得到的旋转曲面的面积最小？最速降线问题也是如此，就是去寻找一条曲线，使得沿此曲线，质点下落的时间最短。经过一番详细分析，可将此类问题转变成以下数学形式：假设存在一个运算合法的函数 $y = y(x)$，使积分 $I = \int_{x_1}^{x_2} f(x, y, y') dx$ 取极小值，求函数 $y(x)$。那么，如何求函数 $y(x)$ 呢？具体想法是稍微给 $y(x)$ 一点儿"扰动"，就会使 I 增大，因此，构造差 $\bar{y}(x) - y(x) = \alpha \eta(x)$，称之为函数 y 的变分，记为 δy。这种记法能扩展为一套好用的形式算法，因此成了变分法名称的由来。最速降线问题最后变成了求 $\min_y \int_{x_1}^{x_2} \frac{\sqrt{1 + (y')^2}}{\sqrt{2gy}} dx$，此时变分为 0。对于实际的几何和物理问题，并非总是讨论一个极小值，有时需要极大值或稳定值。

变分法成为一门学科应归功于欧拉，他是约翰的学生，却把约翰的哥哥雅可布的方法发展为今天的变分法。欧拉认为自然总是以最有效和经济的方式达到目的，在杂乱无章的表象背后隐藏着简单的规律。在这些哲学思想的指导下，1728年欧拉解决了测地线问题，1734年他推广了最速降线问题，1736年提出了欧拉方程。1744年，欧拉发表了《寻求具有某种极大或极小性质的曲线的方法》，提出了最小作用原理，标志着变分法的诞生。他在论文中将其正式命名为"the calculus of variation"。继欧拉之后，在18世纪对变分法做出最大贡献的是法国数学家拉格朗日和勒让德。1760年，拉格朗日引入变分的概念，在纯分析的基础上建立变分法。1786年起，勒让德讨论了变分的充分条件，但在18世纪这一问题一直没有得到解决。19世纪，数学家关于函数的极值条件开展了一系列工作。德国数学家克内泽尔于1900年出版的著作《变分法教程》使这个问题得到了系统的研究。

在微积分的学习中，有许多关于摆线的例题和习题，因而学生们多少都了解一些摆线的几何性质，例如摆线一拱的弧长、摆线一拱之下的面积、摆线一拱旋转一周所成立体的体积等。

除了自身内在的价值外，最速降线问题还具有重大意义，它是历史上出现的第一个用变分思想解决的问题，此后还有等周问题和测地线问题。这三个问题是早期变分法的来源。这也说明从不同的问题可以抽象出同一数学结构，然后用同样的方法进行处理，而正是数学的高度抽象性才决定了其应用的广泛性。

现在我们知道，变分法是近代分析学的一个极其有用的分支，主要研究泛函（从函数空间到数域的映射）的极值。它在统一力学观点以及用数学解释许多物理现象方面也发挥了重要作用。正如最初欧拉所设想的，变分法深刻地揭示出了物理世界核心里隐藏的简单性，特别是古典力学中影响深远的哈密顿原理（若一组运动质点的构形由它们彼此间的引力决定，则它们的实际运动路线将是使该系统的动能与势能之差对时间的积分取极小值的那条曲线）。爱因斯坦的广义相对论大量运用了变分法，作为量子力学基础之一的薛定谔波动方程也是借助变分法才发现的。

10多年前，诺贝尔物理学奖得主李政道先生在一次报告中曾给年轻的学子提出了中肯的建议"要创新，需学问，只学答，非学问，问愈透，创更新"。从最速降线问题的提出和变分法的产生，也许青年一代能更深刻地理解前辈大师的谆谆教诲。

4.4　第二次数学危机

美国数学家、数学教育家、柯朗数学研究所的创始人理查德·柯朗有一段名言："微积分，或者数学分析，是人类思维的伟大成果之一，它处于自然科学与人文科学之间的地位，成为高等教育的一种特别有效的工具。遗憾的是，微积分的教学方法有时流于机械，不能体现出这门学科乃是撼人心灵的智力奋斗的结晶。这种奋斗已经历 2500 年之久，它深深地扎根于人类活动的许多领域。只要人们认识自己和认识自然的努力一日不止，这种奋斗就将继续不已。"

回顾微积分的发展历程，最为跌宕起伏的一个阶段当数 17 世纪至 19 世纪为微积分做基础理论奠基的近 200 年。

17 世纪下半叶，微积分刚一形成就在解决实际问题方面显示出强大的威力。在天文学中，利用微积分能够精确地计算行星、彗星的运行轨道和位置，其中最著名的一例非"哈雷彗星"莫属。英国天文学家哈雷通过计算断定 1531 年、1607 年和 1682 年出现的彗星是同一颗彗星，并推测它将于 1758 年底或 1759 年初再次出现。这个预见后来果然被证实，而哈雷已在此前的 1742 年逝世。为了纪念他，这颗彗星被称为哈雷彗星。

虽然微积分的应用愈来愈丰富，但当时的微分和积分并没有确切的数学定义，一些定理的证明和公式的推导在逻辑上前后矛盾，不好理解，使人生疑，然而推出的结论往往正确无误。这样，微积分就具有了一些"混乱"和一种"神秘性"，这些"混乱"和"神秘性"主要集中在无穷小量上。

牛顿在 1704 年发表了《曲线的求积》一文，他在其中确定了 x^3 的导数。牛顿称变量为流量，称流量的微小改变量为"瞬"（即无穷小量），称变量的变化率为流数（即导数）。下面以求函数 $y = x^3$ 的导数为例说明牛顿的流数法。设流

量 x 有一个改变量 "瞬"，牛顿将其记为 "o"（拉丁字母）。相应地，y 便从 x^3 变为 $(x+o)^3$，则 y 的改变量为

$$(x+o)^3-x^3=3x^2o+3xo^2+o^3$$

求比值：

$$\frac{(x+o)^3-x^3}{o}=3x^2+3xo+o^2$$

再舍弃含因数 o 的项，于是得到 $y=x^3$ 的流数为 $3x^2$。

牛顿认为他引入的无穷小量 "o" 是一个非零的增量，但又承认被 "o" 所乘的那些项可以看作没有。先认为 "o" 不是零，求出 y 的改变量后又认为 "o" 是零，这违背了逻辑学中的排中律。在此推导中，关于 "无穷小量" 到底是不是零或者究竟是什么，完全说不清楚！牛顿和莱布尼茨都曾试图对无穷小量做出解释，用了诸如 "最终比" "无限趋近" 等模糊的语言，但是连他们本人都不满意自己的解释。

都柏林三一学院的贝克莱是那个时代的一位代表保守势力的唯心主义哲学家，提出过 "存在即是被感知" 的著名论断。美国加州大学的创始校区定名为加州大学伯克利分校，正是为了纪念他。贝克莱从维护宗教神学的利益出发，竭力反对蕴涵运动变化这一新兴思想的微积分。恰好无穷小量成了他抓到的把柄。1734 年，贝克莱自黑为 "渺小的哲学家"，以此为笔名出版了一本书

贝 克 莱

《分析学家：或一篇致一位不信神的数学家的论文，其中审查一下近代分析学的对象、原则及论断是不是比宗教的神秘、信仰的要点有更清晰的表达，或更明显的推理》，书名长到一口气很难读完。他在书中猛烈抨击牛顿的无穷小量，质问无穷小量到底是不是零，并且挪揄道："无穷小量作为一个量，既是零又非零，那么它一定是量的鬼魂了。" 这就是著名的贝克莱悖论，直接导致了第二次数学危机。

　　然而最诡异的事情是，这样的微积分在力学和几何学中的应用证明了它的巨大力量。这种用逻辑上自相矛盾的方法推导出正确结论的事实，使微积分运算从表面看来有很大的随意性。马克思一针见血地评价说："这种新发现的计算方法通过数学上肯定不正确的途径得出了正确的且在几何学应用上简直是惊人的结果。"这就有些尴尬了。数学家是一群什么样的人啊？他们的思维严谨，他们追求逻辑的严密性，随意与自相矛盾绝不能被容忍！

　　19 世纪，埋藏在数学内部的逻辑基础问题最终还是以科技领域提出的"热传导"这一大课题的研究为导火线而爆发出来。1811 年，法国数学家傅里叶发表了一篇名为《关于热传导问题的研究》的论文。他提出了对数学物理具有普遍意义的方法，即将任意函数表示为无穷多项三角函数之和，简称为三角级数。这种表示函数的方式与传统的表达方式大不相同，给数学带来了新的混乱。什么是"无穷多项求和问题"？这个问题不解决，处理热传导问题的方法就缺乏理论依据，而该问题仍然归结为如何认识无穷小量。至此，微积分中逻辑的混乱，也就是对无穷小量的理解，到了必须澄清的时候。也就是说，必须给微积分建立严格的理论基础。

　　谈到无穷项求和，一件有意思的事情是，18 世纪的数学家，即便是声名显赫的莱布尼茨和欧拉也曾犯过错误。对于 $1-1+1-1+1-1+\cdots$ 这种无穷和，有人认为它等于 $(1-1)+(1-1)+(1-1)+\cdots$，结果为 0；有人认为它等于 $1-(1-1)-(1-1)+\cdots$，结果为 1。莱布尼茨则认为它等于 0 和等于 1 的概率一样，因此结果应该是二者之和的一半，即 $\frac{1}{2}$。欧拉由 $\frac{1}{1-x}=1+x+x^2+\cdots+x^n+\cdots$，然后令 $x=2$ 得到一个荒谬的结论 $-1=1+2+2^2+\cdots+2^n+\cdots$，他也接受了。大数学家尚且如此，何况一般人？18 世纪，对于无穷多个数求和，人们肆无忌惮地应用有限数求和的规则，得到的结论极其混乱。

　　在为微积分做奠基性工作方面，瑞士数学家约翰·伯努利和欧拉、捷克数学家波尔查诺、德国数学家狄利克雷等都做过贡献，但起决定作用的是法国数学家柯西和德国数学家魏尔斯特拉斯。

柯西是严格分析学的创始人，1821 年他在《分析教程》中给出了极限概念比较精确的分析定义，并以极限概念为基础给出了无穷小量、无穷级数的"和"等许多概念的比较明确的定义。柯西对无穷小量的定义不再是一个无限小的固定的数，而是"作为极限为零的变量"被归入函数的范畴，较好地反驳了贝克莱悖论。

柯　西

魏尔斯特拉斯总结了前人的工作，于 1855 年给出了极限的严格定义，即今天教材上通用的以 $\varepsilon\text{-}\delta$ 语言给出的定义。虽然这套语言让初学者困惑，但它使极限摆脱了对几何学与运动的依赖，将一个一直以来模糊不清的动态描述变成了一个叙述严密的静态观念，就像动画片里一系列静态的图画在快速呈现时表现出来的动感一样，多么妙不可言的数学语言！凭借这一变量数学史上的重大创新，魏尔斯特拉斯彻底反驳了贝克莱悖论。

此后，魏尔斯特拉斯更进一步把分析学的基础归结为对实数理论的研究，他与德国数学家戴德金、康托一起创立了实数理论。这是分析学的逻辑基础发展史上的重大成就。众所周知，德国人以严谨精细著称，据说中国人做菜时常用的"加入少许某某作料"这种说法，德国人是断然不能接受的。魏尔斯特拉斯年轻时不听父亲的劝告，执意选择学习数学。大学毕业后，他在偏僻的乡下中学任教，10 余年大好年华在困窘中度过，但他从未间断对数学孜孜以求的研究，凭借热爱与执着，更兼深刻与严谨，终于一鸣惊人。
他在 40 多岁时受聘于柏林大学，近 50 岁才成为
正教授，虽大器晚成，但他作为"精细推理的大
师"蜚声数学界，影响深远。

从 1665 年牛顿发明的流数法到 1855 年魏尔
斯特拉斯给出极限的严格定义，190 年的时间不算
太长。但如果从我国魏晋时代的割圆术算起，经
历了 1600 多年；若从阿基米德于公元前 3 世纪提
出穷竭法算起，则经历了 2000 多年，足够曲折、
漫长和艰辛。在此期间，许多数学家付出了辛勤
的努力，无数人奋斗过，但依旧籍籍无名。在

魏尔斯特拉斯

"实践、认识、再实践、再认识"的过程中，微积分的发展虽有起伏，但总是在
不断完善，终至功成。

微积分的基础理论完善后，为数学的应用以及快速发展提供了广阔的空间和
坚实的基础。今天，微积分的语言已渗透到自然科学和社会科学的各个领域，不
但成为变量数学的重要工具，而且为人们提供了正确的世界观和科学的方法论。
马克思主义哲学告诉我们世界是物质的，物质是运动的，运动是有规律的，规律
是可以被认识的，认识不是一次完成的，而是呈螺旋式上升的。从第二次数学危
机促使微积分严密化的过程中，我们会一致同意：马克思是对的。

4.5 关于虚数 i 的奇思妙想

对于新事物的认识和理解，人们常常将其置于已知的常识和自己的经验之
中，对数学来说也是如此。当虚数 i 出现时，因为它和已知的实数如此格格不
入，如此虚无缥缈，似乎只存在于数学家的想象之中，所以虚幻之数就成为人们
对它的最初印象。本节我们一起探讨关于虚数 i 的奇思妙想及其发展为复分析的
过程。

　　一元二次方程是一类古老的问题，也是学生在中学阶段记忆深刻的数学名词，古埃及人在计算土地面积时就曾求解过一元二次方程。但是，当我们考虑 $x^2+1=0$ 这类方程时，无法找到一个平方是 -1 的实数 x。负数不能成为一个平方数，因此负数不存在平方根。这一观点根深蒂固，"代数学之父"丢番图如此认为，古印度数学家婆什伽罗也如此认为。要承认 $\sqrt{-1}$ 这种形式的表达有意义，需要逾越一条认知的鸿沟，需要数学家一往无前的勇气和大胆开拓的创新精神，当然更需要给出 $\sqrt{-1}$ 的合理解释。数学领域不是供人们自由创造而无任何约束的乐园，如果自由超出了它实用的边界而真的虚无起来，也许那将最终导致人们对数学信仰的幻灭。

　　意大利数学家卡尔达诺于 1545 年出版了《大术》一书，记录了著名的"卡尔达诺公式"，给出了一元三次方程的一般解法。他是最早把负数的平方根写到公式中的数学家之一。在讨论能否将 10 分成两部分，使它们的乘积等于 40 时，卡尔达诺把答案写成 $5-\sqrt{-15}$ 与 $5+\sqrt{-15}$，同时坦称"不管会受到多大的良心责备"。也就是说，他其实认为这种表示方式是没有意义的。

　　给 $x^2+1=0$ 这一类方程发明一个解，也就是负数的平方根，并赋予"虚数"这一名称的是法国数学家笛卡儿。以前我们提过作为他的哲学著作《方法论》一书的附录的《几何学》，他在其中使用了"虚的数"，意味与"实的数"相对应。他认为所有一元二次方程都有解，只不过在很多情况下，那个解并不是我们所能够想象到的那种量。他称之为"虚数"，意味着即使这样的数不存在，但为了求解以前不能求解的方程，你可以想象它们存在。自那以后，这一名词得以流传开来。虚数因陌生而新奇的表现引起了数学界的广泛困惑和一片嘘声，很多大数学家都不承认虚数。莱布尼茨在 1702 年就曾不无嘲讽地说："虚数是神灵遁迹的精微而奇异的隐蔽所，它大概是存在和虚妄两界中的两栖物。"

　　法国数学家达朗贝尔在 1747 年指出，如果按照多项式的四则运算规则对虚数进行运算，那么得到的结果总是 $a+b\sqrt{-1}$ 的形式（这里的 a 和 b 都是实数），这种表达式具有"复合的"含义。事实上，它就是今天大家熟知的复数，其中 a

称为实部，b 称为虚部，$\sqrt{-1}$ 称为虚数单位。当虚部为零时，复数即为实数；当虚部不为零而实部为零时，即为纯虚数。1777 年，欧拉在《微分公式》一文中首创用 i 来表示 $\sqrt{-1}$，即用符号 i 作为虚数单位。有了这一符号，卡尔达诺的那个"将 10 分成两部分，使它们的乘积等于 40"的问题的答案就可以写成 5−i$\sqrt{15}$ 与 5+i$\sqrt{15}$，这是一对共轭复数。

至此，关于 i 这个符号，数学家已知的就是 $i^2 = -1$，但是如果非得在实数范围内深究 i 的本质，以及将之视为−1 的平方根，那都是南辕北辙走向了错误的方向，因为那是在暗示 i 是实数而存在于数轴上。

1799 年，高斯在哥廷根大学的博士学位论文中给出了著名的代数学基本定理的一个严格证明，该定理指出任何复系数一元 n 次多项式方程（$n \geqslant 1$）在复数域上至少有一个根。18 世纪末，复数渐渐被大多数人接受，然而虚数、复数是否确实存在仍是一个谜。如果数学家能给出一个具体直观的几何释义——利用图像来表示，那么围绕它们的神秘色彩和质疑之声才有望彻底消除。挪威测量学家卡斯帕尔·韦塞尔曾试图给虚数以直观的几何解释，指出复数可以看作平面上的一个点，并且发表了文章，然而他的见解未能得到学术界的重视。

所有实数能用一个数轴上的所有的点表示。同样，复数能用一个平面上的点来表示。19 世纪早期法国的一位业余数学家阿尔岗将一个复数几何化为二维平面上的一个点。在直角坐标系中，在横轴上取对应于实数 a 的点 A，在纵轴上取对应于实数 b 的点 B，并且过这两个点引平行于坐标轴的直线，它们的交点 P 表示复数 $a+bi$，P 的图像是横坐标为 a、纵坐标为 b 的点。按照坐标的写法，这个点应记为有序数对 $(a，b)$。按照如此做法，得到各点都对应于复数的平面，称之为复平面，也称阿尔岗复平面。

再次提出复平面的观点并加以大力推广的人是高斯。1831 年，高斯用实数组代表复数，建立了复数的某些运算，使得复数和实数一样在某些运算方面可以"代数化"。1832 年，他第一次提出了"复数"这个名词，并将表示平面上同一个点的直角坐标法和极坐标法综合起来，统一到表示同一复数的代数式和三角式这两种形式中。同时，高斯以独特和敏锐的视角将复数解释为平面上的点，而且视之为一种向量，然后利用复数与向量之间一一对应的关系，阐述了复数的几何加法与乘法，一举奠定了复数在数学中的独特地位。至此，复数理论有了较为完整和系统的论述。由于复数可视为平面上的向量，这启发了哈密顿想把复数的代数结构推广到三维空间。这一努力使他发现了四元数。

那个曾被认为虚幻的 i，其几何应用还有进一步的解释：将任意一个复数乘以 i，则会得到与原来的复数成垂直关系的另一个复数。例如，用复数 $z=1+2i$ 乘以 i 的结果就是将二维复平面上的点（1，2）沿逆时针方向旋转到点（-2，1）。如此一来，i 除了表示复平面上的点（0，1）之外，还表达旋转一个直角这种运动方式，从而使运动的观点进入了复数。再回过头来看 i^2，它可以将二维复平面上的点（0，1）沿逆时针方向旋转到点（-1，0），其代数结果对应的恰好是 -1，这与最初的想法 $i^2=-1$ 不谋而合。

复数具有加、减、乘、除运算，它们是对原有数系的进一步丰富。数学家经过 200 多年的不懈努力，深入挖掘并不断丰富和发展复数理论，最终揭开了虚数曾经神秘的面纱，使之成为了数系大家庭中的一员，从而将实数集扩充到了复数集。如今，全体复数的集合用 $\mathbb{C}$ 表示，实数的集合用 $\mathbb{R}$ 表示，显然 $\mathbb{R}$ 是 $\mathbb{C}$ 的真子集。

以结构主义的观点，在"域"的意义下，复数的全体可以构成复数域，实数域可以嵌入复数域中，可视为复数域的子域。当然，扩充后的复数域失去了实数域具有的一些性质，例如有序性。你总能比较两个实数的大小，而无法比较复数 $1+2i$ 和 $2+i$ 的大小。

很多人喜欢共轭复数的概念，也许是因为那种形影不离且体现对称性的模式让人着迷。在中学代数里，我们已经知道若一元二次方程有复数根，则它们将成对出现。这一事实可以推广至一元实系数高次方程。复数 $a+bi$ 与 $a-bi$ 称为共轭复数，它们所对应的点关于实轴对称，这是"共轭"的来源。想象两头牛平行地拉一部犁共同耕地，两头牛的肩膀上共架一个称为"轭"的横梁，如此形象和生动！如果说虚数 i 是数学家奇思妙想的超理性的一面，那么共轭复数这一数学名词则体现了数学家灵动活泼、极为感性的一面。

随着科学技术的进步，复数理论越来越显出它的重要性。它不但对数学本身的发展有重大意义，而且在众多应用领域中十分重要。例如，在航空航天工程领域，复数可以帮助人们简化机翼升力的计算；在土木和机械工程领域，它可以帮助人们解决堤坝渗水等问题。复分析最著名也是不可或缺的应用，当数电学和电子工程学中的信号分析、电路分析。在相对论力学和量子力学中也有复分析的贡献，杨振宁先生认为 20 世纪物理学有三大主旋律，其中之一的相位因子就与虚数密不可分。分形几何是 20 世纪数学的新进展之一，"分形几何之父"曼德博罗构造了一个精美绝伦的著名分形——曼德博罗集，被誉为"上帝的指纹"。这个构造就是建立在复平面之上的。

让我们回顾数系从自然数到复数的扩充过程。由于计数的实用需要，人们从现实事物中抽象出了自然数 0，1，2，……作为一切"数"的起点。然后，出于运算封闭性的要求，自然数被扩充至整数，整数被扩充至有理数，有理数被扩充至实数。在实数范围之内，微积分这一实分析的典范有了自己的舞台。数学家再一次将实数扩充到复数，并将数学分析中的实变函数推广到复变函数，使得实分析有了新的表现形式——复分析。

由虚数至复数及随后产生的各种成果，经过时间的考验与洗礼，最终在数学王国中有了自己的一席之地。如果非得将虚数放在实轴上，那么它确实是虚幻之物，但是如果以二维表示，那么虚数及复数就和实数一样可感可触，真实存在。而今，数学家创造出来的复分析已经成为处理几何与代数问题的强有力的工具，以及物理学家建立理论的重要基石。这些正是源自那个曾经让人们迷惑不解并极度排斥的"虚幻的"i。

4.6 勒贝格的杰作

分析学诞生至今已有 300 多年的历史了。从牛顿和莱布尼茨初创微积分，到柯西、魏尔斯特拉斯等将微积分严格化，分析学在取得了瞩目成就的同时也暴露

勒 贝 格

了一些问题。数学家利用逻辑上严密的分析工具构造出大量奇特的反例。要认识它们，就需要进一步发展分析学的普遍性和抽象性。

法国数学家亨利·勒贝格是引领这次分析学进步的主要数学家之一。他在 1902 年对微积分进行了一场革命，并且进一步将这场革命推进到实分析。为了清晰地认识勒贝格取得的成就，在考察他那富有创造性的替代积分前，先回顾一下黎曼积分。

黎曼积分是一项开创性的发现，但本身也存在某些"缺陷"。一些在数学家的直觉上应该正确的命题，却需要附加某些假设方能成立。比如，微积分基本定理以及极限与积分的交换定理等都要在一些较强的条件下才能成立。我们举一个极限与积分不可交换的例子。用 Q_1 表示 $[0，1]$ 的有理数集，因为有理数集是可数的，所以 Q_1 可以写成列表的形式，有 $Q_1 = \{r_1，r_2，r_3，r_4，\cdots\}$。在 Q_1 的基础上，定义函数列 $f_n(x)$，使其在 Q_1 中前面的 n 个有理数点处都取 1，而在区间 $[0，1]$ 的其余点处取 0。可以看到此函数列中的每个函数都是有界的，而且除有限个点以外等于 0，所以它是黎曼可积的，并且积分 $\int_0^1 f_n(x)\,\mathrm{d}x = 0$。但是，考虑此函数列的极限时会发现，随着 n 趋于无穷大，对应的极限函数在 $[0，1]$ 中的有理数点都会取 1，因为任意有理数都会出现在 Q_1 列表中的某个位置，而极限函数在无理数点处会取 0。此极限函数就是狄利克雷函数，在有理数点处的取值为 1，在无理数点处的取值为 0。而狄利克雷函数不是黎曼可积的，这就意味着此时积分与极限不可交换，或者说由黎曼可积的函数组成的函数列的极限不一定是黎曼可积的。看起来黎曼积分还没有真正刻画出可积的内涵。

对于以上问题，勒贝格提出了自己的解决方案。他将积分回归到长度与面积的概念上，创造性地给出了"勒贝格的长度"（勒贝格测度）与"勒贝格的面积"（勒贝格积分）。

在《积分与原函数的研究》一书中，勒贝格这样描述他的最初目标："我希望首先对集合赋予数的属性，这种数类似于它们的长度。"一个区间的长度是端点之差的绝对值，有限个区间的并集的长度是有限个区间的长度之和，而可数无限个区间的并集的长度是以各个区间的长度为项的数项级数和。那么，如何把长度的概念扩展到非区间的集合上呢？这种长度的推广被勒贝格称为"测度"。他首先定义了"零测度"，这里他创造性地允许用可数无限个区间来覆盖一个集合。如果一个集合"能够被包含在有限个或可数无限个区间内，而这些区间的总长度可以小到我们希望的任意小的地步"，那么这个集合就是零测度集合。

从定义上看，显然零测度集合的子集是零测度的，单点集具有零测度，而且反过来也可证明一个集合是可数个零测度集合的并集时，这个集合也是零测度集合。由此推出，任何可数集的测度为零，因为这样一个集合可以表示成可数个单点集的并集。比如，前面讨论的区间 $[0,1]$ 内的有理数集 Q_1 具有零测度。我们在后面会看到，这种具有零测度的稠密集具有非常重要的理论意义。勒贝格还证明了在一个区间上，一个有界函数为黎曼可积等价于这个函数的不连续点的集合具有零测度。这个承前启后的结果深刻地揭示了函数的可积性与其连续性之间的关系。

有了零测度的概念后，勒贝格定义了一个区间 $[a,b]$ 上的有界集合 E 的测度。他考虑集合 E 的点被包含在有限个或者可数无限个区间内，而这些区间的测度是其长度之和。所有这种和的集合是有下界的（大于或等于 0），所以存在下极限。勒贝格把这个下极限定义为集合 E 的外测度，记为 $m_e(E)$。然后，勒贝格将集合 E 的内测度 $m_i(E)$ 定义为其补集 E^c 的外测度，集合 E 的内测度其实可以看作用有限个或者可数无限多区间的并集从内部"填充"集合 E，然后取这些区间的长度之和的上确界。这种内外测度的定义方式使得勒贝格也可以考虑无界集的"长度"了。勒贝格证明了集合的"内测度不会大于外测度"，并定义内测度和外测度相等的集合为可测集，而内测度或外测度就为可测集的测度。

可测集是一个千真万确的庞大家族，它包括任何区间、任何开集和闭集、任何零测度集，以及有理数集和无理数集。勒贝格还证明了测度的可加性，就是说如果 $E_1, E_2, \cdots, E_n, \cdots$ 是有限个或者可数无限个两两不相交的可测集，那么并集 E 是可测的，且 E 的测度为 $E_1, E_2, \cdots, E_n, \cdots$ 的测度的和。举例来说，

已知区间 [0, 1] 上的有理数集的测度为零，由上面这个结果就可以求出区间 [0, 1] 上的无理数集的测度为1，它等于区间 [0, 1] 的测度。所以就测度而言，无理数在 [0, 1] 中处于支配地位，而有理数是无足轻重的。这正如我们在第 2 章中曾讲过的那样，"无理数才是实数的主流"。

为了给出最后的替代积分，勒贝格通过可测集定义了可测函数：对于一个有界的或无界的函数 f，如果在其定义域上对于任何 $\alpha < \beta$，集合 $\{x \mid \alpha < f(x) < \beta\}$ 是可测集，则称 f 是可测函数。例如，对于前面讨论过的极限函数——狄利克雷函数 $D(x)$，容易验证它是可测的。尽管狄利克雷函数既不是点态不连续的也不是黎曼可积的，但通过测度所给出的长度，已经可以考虑这个可测所"围出的面积"了。

勒贝格进一步证明了可测函数的和、积与函数列极限也是可测的，为沿着黎曼积分的构筑思路构筑自己的勒贝格积分做好了准备。

有界函数 f 的黎曼积分从定义域的分割开始，在分割出的小子区间上构建矩形。这些矩形的高由小子区间上的某个函数值确定。最后，令分割的模，也就是最大子区间的长度趋于零，考察黎曼和的收敛情况。相反，替代的勒贝格积分乃基于一种简单而又富有想象力的思想：采用对函数值域的分割代替对函数定义域的分割。

勒贝格积分是怎么实现的呢？考虑区间上的一个有界可测函数，按照确界原理，这样的函数的值域存在上确界和下确界。对值域的上、下确界给出的区间进行分割，要求其中相邻分点的间隔都小于一个任意给定的小量。值域分割后的每部分通过函数的原像，可以对应为函数定义区间里的部分区域，也就给出了定义区间上的分割。这些区域不一定连通，但是可测的。接下来以类似于黎曼和的方式构造勒贝格和。以定义区间上的分割区域的测度为长，以对应的值域分割区间中的某个函数值为高，二者相乘得到面积，再对值域的分割求和，就得到了一个勒贝格和。值域的分割越细，得到的勒贝格和越趋于某一个定值。换句话说，若勒贝格和的极限存在，那么就称这个函数是勒贝格可积的。至此，如你所见，勒贝格重建了积分。不过，更准确的说法应该是借助黎曼积分的引子给出了积分更一般的定义。可以证明，黎曼可积的函数也都是勒贝格可积的，而黎曼不可积的函数只要是有界可测的，就一定是勒贝格可积的，因此勒贝格积分是黎曼积分的推广。

下面以狄利克雷函数在区间 $[0，1]$ 上的勒贝格积分作为例子，实践一下勒贝格积分的定义。对于任意的 $\varepsilon>0$ 和区间 $[0，1]$ 上的任意一个相邻分点的间隔小于 ε 的分割，$0=l_0<l_1<l_2<\cdots<l_n=1$。已知值域的分割给出定义区间上的分割，定义区间上对应的分割区域可表示为 $E_0=\{x\mid 0\leqslant f(x)<l_1\}$，$E_k=\{x\mid l_k\leqslant f(x)<l_{k+1}\}=\phi$，$k=1，2，\cdots，n-1$，$E_n=\{x\mid f(x)=1\}$。容易验证，$E_0$ 就是区间 $[0，1]$ 上的无理数集，而 E_n 为区间 $[0，1]$ 上的有理数集，而且相应的勒贝格和为零，其极限（也就是勒贝格积分）显然也为零。这样，黎曼积分下不可积的狄利克雷函数在勒贝格积分的意义下变得可积了。

勒贝格积分理论超越黎曼积分的另一项重大进展是在非常弱的条件下证明了极限与积分交换的定理。这就是勒贝格有界收敛定理。该定理指出，当闭区间上的可测函数序列以一个勒贝格可积函数为界时，其极限函数的积分等于各项积分的极限，从而避免了黎曼积分中积分与极限不可交换的问题。

勒贝格的理论奠定了数学上实分析的基础，将数学分析中那些"优美"的结论带进了一个更广阔的函数王国，使得数学在又一次的化繁为简、化具体为抽象的过程中得到了解放和巨大的发展。

4.7 分析学之集大成

泛函分析最早是从变分法、微分方程、积分方程、函数论以及量子物理等研究中汲取营养而发展起来的。它植根于无穷维空间上的函数、算子和极限理论，在分析学、几何学和代数学的综合观点的引导下，已发展成现代数学最重要的分支之一。

泛函分析研究的对象是以函数为基本元素所构成的空间和这种空间上的算子。泛函，简单来说就是"函数的函数"。这个概念最早可追溯至 19 世纪后期的变分法，本章第 3 小节也有阐述。变分法要计算形如 $J(y) = \int_a^b F(x,\ y,\ y') \mathrm{d}x$ 的积分的极大值或极小值，这种积分是作用在一类函数上的运算，如果把这种积分看作一个函数，其函数值依赖未知函数 $y(x)$，或者说它的自变量不是一个数而是函数 $y(x)$。我们也可以类似地考虑微分方程和积分方程，比如微分算子 $L = \dfrac{\mathrm{d}^2}{\mathrm{d}x^2} + p(x)\dfrac{\mathrm{d}}{\mathrm{d}x} + q(x)$ 作用在一类函数 $y(x)$ 上，得到另外的函数 $L(y(x))$。而求解相应的微分方程，就是寻找合适的 $y(x)$，使得 $L(y(x)) = 0$。再如，积分方程 $f(x) = \int_a^b u(t)v(x,\ t)\mathrm{d}t$ 可以看作对不同的函数 $u(t)$ 做运算，得到新的函数 $f(x)$。显然，对于上面这些函数上的算子，可以更加抽象的方式进行统一研究。

在 1897 年举行的第一届国际数学家大会上，法国数学家阿达马提出可以将曲线看作一个集合中的点。后来，同为法国数学家的弗雷歇完善了这一想法。弗雷歇吸收了康托尔发展的集合论思想，在将函数看作集合中的点的同时，还把极限的概念引入了进来。他定义了一类 L 空间，L 表示极限概念是存在的，也就是说对于每一个这类空间，都可以判断其中序列的极限是否存在。弗雷歇将这类空间上的实值函数称为泛函，并定义了泛函的连续性、一致收敛性等，将许多实变函数上的定理推广到了泛函上。最后，他引入了距离空间的概念。

下面简单地介绍一下距离空间的定义。设 X 是一个非空集合，对于任意的 $A,\ B,\ C \in X$，存在实数 $d(A,\ B)$，满足 $d(A,\ B) = d(B,\ A) \geqslant 0$［当且仅当 $A = B$ 时，$d(A,\ B) = 0$］以及 $d(A,\ B) + d(B,\ C) \geqslant d(A,\ C)$，则称 $d(\ ,\ )$ 为 X 中的一个距离，称 X 是以 $d(\ ,\ )$ 为距离的一个距离空间。如果将区间 $[a,\ b]$ 上的任意两个连续函数 $f(x)$ 和 $g(x)$ 的距离定义为 $d(f,\ g) = \max\limits_{a \leqslant x \leqslant b} |f(x) - g(x)|$，也就是 $f(x)$ 与 $g(x)$ 的绝对差值的最大值，则可以验证区间 $[a,\ b]$ 上的连续函数全体就是一个距离空间。通过距离，空间中的元素建立起了位置关系，尤其是当元素为函数时，我们就可以衡量两个函数的接近程度。把函数间的关系通过距离抽象为更一般的位置关系是非常有意义的。这样，距离空间上的极限就有了严格的定义，邻域、开集、闭集、闭包、极限点等概念可以自然地引入，也带来了对

空间的完备性、紧致性以及可分性等性质的研究。

距离这个概念最初源于欧氏空间。随着非欧几何的发展，距离的概念被推广到了更抽象的函数空间中。我们会思考一个问题：欧氏空间中的一些更基本的性质有没有可能也被推广到函数空间？这就不得不提到一位伟大的数学家——希尔伯特。希尔伯特在 20 世纪初研究积分方程的时候引入了无穷实数组的概念。他把由可数个实数组成的有序数组 $\{a_1, a_2, \cdots, a_n, \cdots\}$ 称为一个无穷实数组，其中要求各个分量的平方和是有限的，记由无穷实数组全体组成的集合为 l^2。我们在后面会看到，平方和有限这个要求具有非常重要的几何意义。希尔伯特将 n 维欧氏空间中的内积运算推广到了 l^2 集合上。对于任意的两个数组 $a = \{a_1, a_2, \cdots, a_n, \cdots\}$，$b = \{b_1, b_2, \cdots, b_n, \cdots\}$，他定义了 l^2 上的内积运算为 $(a, b) = \sum_{n=1}^{\infty} a_n b_n$，也就是两个数组中对应各数的乘积之和。当 $a = b$ 时，按照无穷实数组的定义，内积 (a, a) 是有限的。由此，可以进一步证明这种内积定义的有效性。

后来，希尔伯特的学生施密特和冯·诺依曼继续推广了希尔伯特的无穷实数组的概念，赋予其深刻的几何意义。他们把无穷实数组看作一个无穷维的向量，从而可将 l^2 集合理解为一个无穷维空间。接着将 n 维欧氏空间中的长度推广到了这个无穷维空间上，定义一个无穷实数组 $a = \{a_1, a_2, \cdots, a_n, \cdots\}$ 的长度为

$$\| a \| = \sqrt{(a, a)} = \sqrt{\sum_{n=1}^{\infty} a_n^2}$$。这里因为 a 的

希尔伯特

分量的平方和有限，所以 a 的长度也是有限的。由此，两个无穷实数组之间可以通过内积和长度定义角度。特别地，如果 $(a, b) = 0$，我们称两个无穷实数组 a 和 b 是正交的。这样就可以将欧氏空间中标准正交基的概念推广到这种无穷维空间上。设 $(e_1, e_2, \cdots, e_n, \cdots)$ 为一组无穷实数组，每个无穷实数组

的长度都是 1，且对于任意的 $i \neq j$，无穷实数组 e_i 与 e_j 是正交的，那么这样一组无穷实数组是一个"标准正交系"。有了以上结构的加持，无穷实数组全体已经不单单是一个集合了，冯·诺依曼将其称为"希尔伯特空间"。这个空间是今天所说的希尔伯特空间的"鼻祖"。

在后续发现的希尔伯特空间中，有一个对泛函分析的形成起到了关键作用，这个空间源于里斯–费希尔定理。里斯–费希尔定理指出，在区间 $[a, b]$ 上，平方勒贝格可积的函数全体构成的集合与无穷实数组全体构成的集合是等价的。这个结果的意义非常深刻。首先，一个平方勒贝格可积的函数可以看成一个无穷维空间中的点，而这样的函数全体也构成一个抽象的空间。这样，空间的概念就得到了推广。其次，在泛函分析中研究的函数上的运算，特别是微分和积分运算，其实与 n 维欧氏空间中的线性变换是类似的，只是作用对象不同，一个是函数，另一个是 n 维向量。虽然函数不能用有限个数来表达，但现在证明了有一类函数可以用无穷实数组里的可数多个数来刻画，因此有限维空间里处理向量的方式就可以被推广到无限维的函数空间里去处理函数了。

下面举一个例子来说明以上想法。记区间 $[a, b]$ 上平方勒贝格可积的函数全体为 $L^2(a, b)$。为了方便起见，不妨以 $L^2(-\pi, \pi)$ 为例进行讨论。在 $L^2(-\pi, \pi)$ 上定义内积 $(a, b) = \int_{-\pi}^{\pi} a(x)b(x)\mathrm{d}x$。设函数 $f \in L^2(-\pi, \pi)$ 且 f 的傅里叶级数收敛于 f，即有 $f(x) = \dfrac{a_0}{2} + \sum_{k=1}^{\infty} a_k \cos kx + \sum_{k=1}^{\infty} b_k \sin kx$，那么函数 f 就与其傅里叶系数给出的无穷实数组 $(a_0, a_1, b_1, \cdots, a_k, b_k, \cdots)$ 对应起来了。将傅里叶级数中的各项提取出来并辅以对应的系数，记为 $e_0 = \dfrac{1}{\sqrt{2\pi}}$，$e_1 = \dfrac{1}{\sqrt{\pi}}\cos x$，$e_2 = \dfrac{1}{\sqrt{\pi}}\sin x$，$\cdots$，$e_{2k-1} = \dfrac{1}{\sqrt{\pi}}\cos kx$，$e_{2k} = \dfrac{1}{\sqrt{\pi}}\sin kx$，$\cdots$，这样就建立了空间中的一组标准正交系。不难验证，此时 $f(x) = \sum_{k=1}^{\infty} (f, e_k)e_k$，其中系数 (f, e_k) 是 f 与 e_k 的内积，也可看作 f 在 e_k 方向上的投影。这与 n 维向量在自然基下的坐标

表示非常相似。当然，为了严格起见，还应该考虑函数的傅里叶级数是否收敛，而收敛性问题也是泛函分析的重点内容。

空间概念的推广是泛函分析后续发展的主线之一。1922 年，波兰数学家巴拿赫提出用范数代替内积来定义函数空间上的距离和收敛性，由此定义了比希尔伯特空间更一般的赋范空间，也称之为巴拿赫空间。因为在定义范数时没有要求两个元素存在内积，所以没有办法定义角度，随之而来也失去了两个元素正交这一关键概念，因此巴拿赫空间有着比希尔伯特空间更广的适用范围。巴拿赫将线性映射推广到巴拿赫空间中，讨论了线性算子的有界性、收敛性和一致有界性等性质，建立了线性算子理论。

函数概念的推广也推动了近代泛函分析的发展。历史上有一些"病态"函数，用当时的数学概念是无法理解的，但偏偏又有着非常好的物理意义，其中一个非常著名的例子是狄拉克 δ 函数。当 $x \neq 0$ 时，这个函数的值为 0，但在整个定义域上的积分为 1，那么其在 0 点的函数值无法严谨地表述出来，不能笼统地定义为正无穷。更神奇的是，当它被当作普通函数参加运算（如对它进行微分和傅里叶变换）时，让它参与微分方程求解等所得到的数学结论和物理结论是吻合的。这就迫使数学家为这类"病态"函数确立严格的数学基础。首先做出贡献的是法国数学家施瓦尔茨，他在其著作《分布论》中将这些函数解释为函数空间上的连续线性泛函，又称之为广义函数。时至今日，对广义函数的研究已经深入到偏微分方程、量子力学等诸多数学和物理学分支中。

从泛函分析的发展过程可以看出，对于好的数学，要从宏观上认识，从整体上把握，还要从实例中汲取灵感。问题的来源和背景往往带来对理论的具体而深刻的认识。数学本身是科学研究的基础工具，我们学习数学时也要有更加广博的视野，如果只是陷于形式的理解和逻辑的推演，就不能算是真正学好了数学。

第5章 ▶▶▶

造物主创造世界的方程

5.1 机械决定论的世界

欧几里得的《几何原本》无疑是历史上最成功的教科书，两千多年来启迪着一代又一代人的心灵，引领着才华横溢的年轻人义无反顾地走上了科学之路。在这些前赴后继的科学达人中，我们可以看到伟大的艾萨克·牛顿爵士的身影。据说少年时的牛顿在剑桥的书店里买了一本《几何原本》，翻了几页觉得简单，就没有认真地研读，而醉心于笛卡儿"坐标几何"的数形结合之美。后来牛顿参加特列台奖学金考试落选，时任考官、后来牛顿的老师巴罗博士认为牛顿的几何基础知识太贫乏，无论怎样用功也不行。这可以理解为内功太差，使出的一招一式都是花架子。看到这里，我们不禁感叹，即使如牛顿这般著名的科学大师也有如此青涩懵懂、年少轻狂的时代。总之，这席话对牛顿的震动很大，于是牛顿反复研读《几何原本》。此后，他发现欧几里得写的不只是几何，还包含哲学。

如果翻看牛顿的旷世杰作《自然哲学的数学原理》，你就会发现里面蕴含着浓重的"几何原本气息"。深刻的牛顿三大力学定律搭配上美丽的万有引力定律是经典力学宏伟巨厦的基石，恰恰与《几何原本》中的5条公理与5条公设交相辉映。这就像武功中的心法口诀，一旦领会就会幻化出无穷无尽、行云流水般的招式。事实上，当年牛顿建立经典力学时用的数学工具是微积分，这应该和他在少年时挑灯夜读笛卡儿的解析几何密不可分。笛卡儿的"坐标"是"定数"，一旦变动起来就成为"流数"。可以说正是有了解析几何这"美妙的酒曲"，牛顿才酿出了微积分这坛"数学美酒"！但在牛顿时代不是每个人都如他那般绝顶聪明，微积分对大多数人来讲还是新生事物，懂的人相对较少，能运用自如的人更是凤毛麟角。为了尽快推销自己的学说，牛顿对其进行了完美的包装，用欧氏几何这个旧酒瓶装下了以牛顿三大力学定律和万有引力定律为代表的"经典力学新酒"。而欧氏几何在那个时代早就深入人心，因此牛顿的学说很快就风靡全欧洲，也将牛顿推上了英国皇家学会会长的宝座。

我们从中不难看出，牛顿爵士很有商业天赋，他深谙顺势而为之道。形势永远比个人的力量强大，与其像伽罗瓦那样站在时代的前沿高呼"谁能与我同醉"，不如俯下身子以世人能够理解的方式传道授业。我们知道，笛卡儿的"坐标几何"作为一种数学工具比欧氏几何高明了很多，毕竟那是数形结合、双剑合璧，而微积分之剑更是锋利无比。要放弃这些而重拾欧氏几何来建立经典力学，就好像退掉了机票，骑上单车去环球旅行一样，虽然沿途风光无限，但过程无疑艰辛异常。但要知道，这个骑手不是别人，而是艾萨克·牛顿爵士，他是古今科学第一人！记得意大利传奇前锋维埃里曾说这样一段话，大意为：远在云端像神一样的是马拉多纳，在他下面一点儿的是罗纳尔多，再下面是我们所有人。在维埃里所处的时代，梅西和 C 罗还未出道，他们究竟该排在何处，我们暂且不论。而在科学史上，牛顿无疑就是那位远在云端的神！他以超凡的智慧，用欧氏几何的语言完美地诠释了经典力学，但因为数学工具的威力降低，为了实现目标，必须靠天才的技巧。感兴趣的读者可以买一本《自然哲学的数学原理》看看，里面充满了牛顿的睿智与奇思妙想，你将会对名著不好读这句话有更深刻的体会，但看过之后摆在书架上绝对会增添你的科学品位与文人气质。

牛顿力学的巨大成功催生了机械决定论。大家知道，科学史上有着名的物理学四大神兽，它们分别是芝诺的乌龟、拉普拉斯兽、麦克斯韦妖以及薛定谔的猫。这里我们的关注点为拉普拉斯兽。拉普拉斯是拿破仑时代的一位非常伟大的数学家，他在天体力学等众多领域都做出了杰出的贡献。比如，他曾根据能量守恒定律以及光的微粒性，在人类历史上第一次计算出了正确的黑洞视界半径 $R_s = \dfrac{2GM}{c^2}$。虽然后来看他的计算方式是错误的，他是用两个错误的假设推出了正确的结果，但最终结果的正确性是被现代物理学所证明的。

拉普拉斯

拉普拉斯是牛顿的笃信者，他认为牛顿的三大力学定律结合万有引力定律，再加上微积分作为语言，就可以书写清楚整个宇宙这本大书，即宇宙本身完全是被牛顿力学所机械地决定的。当他把那部皇皇巨著《天体力学》摆到拿破仑面前的时候，拿破仑好奇地问他书中为什么没有上帝，他将上帝置于何处呢？拉普拉斯自豪地说："陛下，我不需要这个假设。"

那个时代可以看作人类理性最辉煌的时代，人们认为天上地下物理学无所不能，牛顿力学决定了一切。此时，再让我们一探究竟什么是拉普拉斯兽。拉普拉斯兽是一只神兽，或者说是一个先知，如果它能够知晓当前宇宙中所有基本粒子之间的相互作用以及这些粒子在当前时刻所处的位置和速度，那么它就可以根据牛顿第二定律完全知晓宇宙在未来或者过去（$-t$）任何时刻的位置和速度。这些粒子之间的状态和速度的确定性会最终导致整个宇宙的确定性，不但可以用于预测未来，还可以用于回溯过去。在拉普拉斯兽的眼中，过去与未来都是一样清晰。如果将当前时刻记为 $t=0$，则当时间 $t>0$ 时就是未来，$t<0$ 时就是过去，真正做到"前知五百年，后知五百载"。

那么拉普拉斯说的到底对不对呢？从数学上看，还是非常有道理的。我们知道如果用数学语言表述牛顿第二定律，就是 $\vec{F}=m\vec{a}$，两边同时除以质量 m 的话，就变成了 $\vec{a}=\dfrac{\vec{F}}{m}$。其中，$\vec{a}$ 是加速度，它等于位置 $\vec{r}$ 对 t 的二阶导数，而一般来说

力 $\vec{F}$ 与位置和速度有关。所以，按照拉普拉斯的设想，利用牛顿第二定律可以将宇宙间所有粒子（大约 10^{80} 个）的状态写成如下二阶常微分方程组的形式：

$$\begin{cases} \dfrac{\mathrm{d}^2\vec{r_i}}{\mathrm{d}t^2} = \dfrac{\vec{F_i}\left(\vec{r_i}, \dfrac{\mathrm{d}\vec{r_i}}{\mathrm{d}t}, t\right)}{m_i} \\[4mm] \vec{r_i}(0) = \vec{r_{i0}} \\[3mm] \dfrac{\mathrm{d}\vec{r_i}}{\mathrm{d}t}(0) = \vec{v_{i0}} \end{cases}$$

这样一个二阶常微分方程组是否可以求解呢？回答是肯定的！根据常微分方程组解的存在唯一性理论，只要知道了初始位置和初始速度，原则上就可以把任何时刻的位置和速度全都求出来，得到宇宙间所有粒子的位置和速度信息，进而将其整合起来，原则上就可以描绘宇宙在任何时刻的状态。

虽然理想丰满，但现实很骨感，实际操作起来是非常困难的。因为这里的下角标 i 代表每一个基本粒子，在我们的可观测宇宙里基本粒子的数量大概是 10^{80} 这样一个数量级。考虑到向量是三维的，也就是说我们要面对的是 3×10^{80} 个非线性的二阶常微分方程的求解问题，就算使用当前全世界所有的计算机来做也是不能完成的！这就是说拉普拉斯兽仅在理论上有可行性，而在实际操作中是没有可行性的。

5.2　造物主的灵符

最小作用量原理源于拉格朗日力学。牛顿力学分析研究对象在每个瞬间的受力状况，进而通过牛顿第二定律将其转化为偏微分方程进行求解，而拉格朗日力学考虑物理过程的全局特征，将每一种可能的物理过程对应于相应的作用量。比如，对于一个运动过程，从起点到终点有无穷多条道路，每一条道路都对应于一个作用量。最小作用量原理指的是物理系统的真实运动轨迹使得作用量最小，这说明大自然其实是个经济学家，其所设计的自然规律使得累计的花费最小。一个经典的例子是几何光学中的费马原理：光的传播总是遵循使光程 $\int_A^B n\mathrm{d}s$（其中 n 是介质的相对折射率）取极值的轨迹，这等价于使光从起点到终点所花费的总时间最短。根据费马定理，很容易推导出几何光学的三大定律。如果仔细想想，这其实很有趣：光是没有脑子的，但它走的总是最省时间的路。

用严格的数学语言来阐述的话，我们描述系统中的 N 个点的位置信息时需要 $3N$ 个坐标，当约束增加时，这个系统的自由度便会降低。所谓自由度指的是能够完全描述某一物理系统状态的相互独立的最少变量个数，当增加某些约束时，其中的某些变量将不再相互独立，导致自由度降低。

具有 s 个自由度的系统可以用 s 个独立变量 q_1，q_2，$\cdots$，q_s，变量的变化率 $\dfrac{\mathrm{d}q_1}{\mathrm{d}t}$，$\dfrac{\mathrm{d}q_2}{\mathrm{d}t}$，$\cdots$，$\dfrac{\mathrm{d}q_s}{\mathrm{d}t}$ 以及时间的函数 $L\left(q,\ \dfrac{\mathrm{d}q}{\mathrm{d}t},\ t\right)=L\left(q_1,\ q_2,\ \cdots,\ q_s,\ \dfrac{\mathrm{d}q_1}{\mathrm{d}t},\ \dfrac{\mathrm{d}q_2}{\mathrm{d}t},\ \cdots,\ \dfrac{\mathrm{d}q_s}{\mathrm{d}t},\ t\right)$ 来表示，称之为拉格朗日函数。拉格朗日函数对于时间的积分 $S=\int_{t_1}^{t_2}L\left(q,\ \dfrac{\mathrm{d}q}{\mathrm{d}t},\ t\right)\mathrm{d}t$ 即为作用量。根据最小作用量原理可以推导出著名的欧拉–拉格朗日方程。

作用量在数学上称为泛函，而最小作用量原理从数学角度来说研究的是泛函的极值。在计算泛函的极值时，需要运用变分法，可以将其理解为微分法的推广。微分法研究的是自变量的改变对函数值的影响，而泛函将函数映射为一个实数，我们可以把这里的函数类比为微分中的自变量，它们的本质思想是相同的。

前面讲过，变分法的起源可以追溯到伽利略提出的最速降线问题，若干年后瑞士数学家约翰·伯努利在 1696 年再次提起这个问题，次年多位数学家得到了正确答案，其中包括牛顿、莱布尼茨、洛必达和伯努利兄弟。雅可布·伯努利的方法中蕴含了变分法的思想，更具一般意义。

最小作用量原理所蕴含的深刻思想，后来被费曼在狄拉克研究的基础上发展成量子力学的第三种表述形式——路径积分。他认为微观粒子遍历空间中的所有路径，其累积时的权重与该路径的作用量有关。路径积分在量子场论中大放异彩，自此物理学研究有了一个横跨各个领域的标准范式，那就是首先写出相应物理系统的拉格朗日量，进而通过对作用量的变分，求出该系统所对应的动力学方程——拉格朗日方程。

由最小作用量原理，可以讨论与对称有关的问题。著名物理学家杨振宁先生认为量子化、对称与相位因子是 20 世纪物理学的三大主旋律。所谓对称性是指"在某种变换下保持不变的性质"，用四个字简单概括就是"变中不变"。例如，对一个左右对称的房子，我们说它具有轴对称性是指这座房子关于对称轴作轴对称变换后保持不变。克莱因在埃尔朗根纲领中将几何学定义为研究在某个变换群下保持不变性质的学科，即各种几何学研究的是相应变换群下的对称性。例如，欧氏几何研究的是刚体变换群（正交矩阵群）下的对称性，而仿射几何研究的是仿射变换群（一般线性群）下的对称性。

对称性与守恒律有着千丝万缕的联系。伟大的"代数学女王"埃米·诺特认为物理体系的每一个连续的对称变换都对应于一条守恒定律。对称性与守恒律从物理学和数学的角度分别得到了诠释。常见的守恒律有能量守恒定律、动量守恒定律和角动量守恒定律。1926 年，维格纳还提出了宇称守恒定律，想把对称性和守恒律的关系进一步推广到微观世界。宇称守恒定律是指同一种粒子之间互为镜像，粒子所满足的物理规律是相同的。

埃米·诺特

1956 年，李政道和杨振宁在深入细致地研究了各种因素之后提出"在弱相互作用下宇称不守恒"，华裔实验物理学家吴健雄通过一个巧妙的钴-60 衰变实验验证了"宇称不守恒"。

诺特定理告诉我们每一种对称性的背后都对应于一种守恒律。时间与空间的三种对称性与三大守恒律之间的关系如下。

①时间平移对称性——能量守恒定律。

②空间平移对称性——动量守恒定律。

③空间旋转对称性——角动量守恒定律。

诺特定理的巨大成功培育出了物理学家的一种思维习惯：只要发现一种新的对称性，就要去寻找相应的守恒律；反之，只要发现了一条守恒律，也总要把相应的对称性找出来。下面是一个对称性与守恒律及适用范围的关系表。

对称性	守恒律	适用范围
时间平移	能量守恒	完全
空间平移	动量守恒	完全
空间旋转	角动量守恒	完全
镜像反射	宇称守恒	弱作用中破缺
电荷规范变换	电荷守恒	完全
重子规范变换	重子数守恒	完全
轻子规范变换	轻子数守恒	完全
时间反演	—	破缺

除了对称性与守恒律之间的关系外，杨振宁先生还认为对称决定相互作用。众所周知，目前已知自然界中有四种相互作用——引力、电磁力、强力和弱力。除了引力之外，其他三种都对应于具有某种对称性的规范场。在此基础上，人们建立起了粒子物理的标准模型。

对称和复杂一样，是在大道至简的物理规律之上生成我们所生活的这个绚丽多彩的世界的一种模式，但绝对的对称过于完美，需要对称性的破缺来实现多样性。比如，微观世界中的基本粒子有以下三大基本对称方式。

①电荷（C）对称：对于粒子和反粒子，物理定律是相同的。

②宇称（P）：空间反射对称，互为镜像的同一种粒子的运动规律相同。

③时间（T）对称：时间反演对称，是指如果颠倒粒子的运动方向，则粒子的运动是相同的。

这三种对称性会自发产生破缺，即对称性被基态所破坏。比如，大爆炸之后本应产生相同数量的物质与反物质，但由于电荷对称性的破缺，物质比反物质多了十亿分之一，湮灭后所剩下的这一点物质最终构成了现在的宇宙。这就是说，电荷对称性的破缺是宇宙间所有物质的起源。

5.3　大宇之形

早在伽利略时代，天文学家就认为宇宙在大尺度上是均匀的、各向同性的，所满足的物理规律也是相同的。后来经牛顿、爱因斯坦等的发展，物理学家总结出了宇宙学原理，这无疑是宇宙学的第一原理。

古希腊时代的哲学家德谟克利特认为，世界的本源是原子和虚空。我们的宇宙中看似充斥着恒星、行星、彗星以及黑洞等各种各样的天体，但从大尺度上看，宇宙的平均密度接近零，比地球实验室中所能实现的最好的真空密度还要小，这算是宇宙学原理特殊情况的最早论证。

宇宙学原理只是人们处理宇宙问题的一个假说。可见宇宙的直径大约为 930 亿光年，约为 10^{27} 米。我们所处的银河系中大约有 2000 亿颗和太阳类似的恒星，宇宙中大约有 2000 亿个类似于银河系的星系。面对如此浩瀚的宇宙，如果不化繁为简，事无巨细地考虑所有的细节，那将是天文学研究的灾难。科学的方法论本身就是通过对复杂的现实进行适当合理的简化，进行数学计算和逻辑推理。

从另一个角度来说，人类耗费 400 多年时间从所在的行星（地球）和所处的恒星系（太阳系）中总结出的物理规律与天体参数，其实差不多就是对宇宙的精确、定量理解的全部。要知道牛顿的万有引力定律也只是在太阳系中被精确地验证过。因此，当弱小的人类开始放眼宇宙时，所能掌控的工具可能只是这些定量的规律和参数而已。假设规律和参数能适应整个宇宙，那将不失为一种合理的权宜之计。

宇宙学原理在本质上是指宇宙在各个点、各个方向上都是平权的。"平权"的思想也蕴含在物理学中，比如狭义相对论的基本原理之一——惯性系平权、广义相对论的基本原理之一——参考系平权，以及量子力学中波函数依概率塌缩，都是平权思想的体现。

同时，宇宙学原理也并非虚无缥缈的空中楼阁，几百年的近现代天文观测积累了大量的数据。当人们希望从这些观测数据中总结出一套简洁优雅的数学模型时，发现从宇宙学原理开始，结合已知的物理学理论所建立的模型、推出的理论一次又一次地经受住了实验的检验（比如海王星的发现、光谱分析、遥远恒星的退行、宇宙微波背景辐射等），因此其可信度也越来越高。

宇宙学原理也说明了人类只是浩瀚宇宙中的一种平凡的智慧生命。在遥远的某些恒星旁边的行星中也许有和我们一样的智慧生物，它们可能不是碳基生命，而是硅基生命或者金属生命，甚至是更高级的量子生命。当它们仰望星空时，或许会看到和我们类似的图景，甚至它们也用宇宙学原理研究宇宙。

某些科幻作品认为，人类文明和宇宙间的其他文明相比也许还处于蒙昧阶段，人类文明只有几千年的历史，在那些动辄达几百万年、几千万年或几亿年的神级文明看来不值一提。有人将智慧文明大致分成五个等级：第一等级能完全利用所在行星的能量，第二等级能完全利用所在恒星系统的能量，第三等级能完全利用所在星系的能量，第四等级能完全利用所在宇宙的能量，第五等级能完全利用各个平行宇宙中的能量。但是，人类目前连可控核聚变都还未实现，大约对于0.7级文明。

正如前面所说，人类对宇宙学原理的笃信在很大程度上来自天文观测。随着天文观测技术的飞速发展，人类对宇宙中各种天体的了解在时间和空间跨度、细节精度上都有了极大的提升。在人类的天文观测历史上，有一个历史节点无疑具有里程碑式的意义，那就是2016年引力波激光干涉仪（LIGO）发现了引力波，其重要意义可以从第二年这一发现的主要贡献者韦斯、索恩和巴里什获得了诺贝尔物理学奖看出。

LIGO发现的引力波来自13亿光年外的两个黑洞（其质量分别为36倍太阳质量和29倍太阳质量）的碰撞，它们合并为一个62倍太阳质量的大黑洞，损失的3倍太阳质量化为能量以引力波的形式经过13亿年的漫长跋涉到达了银河系第二旋臂上的一颗名叫太阳的普通恒星旁边的一颗固态行星——地球。引力波的发现为什么具有如此重大的意义呢？要解释这个问题，我们先谈一谈以电磁波作为信息载体进行观测的三个缺陷。

LIGO 引力波探测

　　第一个缺陷在于宇宙的黑暗期。众所周知，人类对现实世界的认知主要基于五感，即视觉、听觉、味觉、嗅觉和触觉。但仰望星空、观测宇宙的时候，除了视觉外的四感皆派不上用场，而且还要靠放大装置（望远镜、光谱仪等）来延伸视觉的观测能力。无论是天文测距还是光谱分析，人类所能利用的媒介只有电磁波。除了光学望远镜外，人们用射电望远镜、X 射线望远镜和伽马射线望远镜所观测到的只不过是电磁波在不同频段的具体表象。

　　在宇宙大爆炸的早期，密度与温度都非常高，物质处于等离子态。这个时候的电磁波很难穿过这锅"稠密的等离子汤"而有效地传播开来。因此，我们现在所能看到的宇宙最早期的光学信息——宇宙微波背景辐射是在大爆炸之后 38 万年发出的。这就是说，我们通过电磁波所能了解的宇宙是从大爆炸之后 38 万年到现在的图景，但人们更感兴趣的无疑是极早期宇宙的状态。如何采集极早期宇宙的相关数据，进而完善宇宙学模型，精确计算参数，通过光学途径是做不到的。

　　第二个缺陷在于宇宙中还存在大量不与电磁波发生作用的暗物质和暗能量，它们的内部机理完全未知，而且在宇宙中所占的质量比很大（暗物质约占宇宙中总质量的 26.8%，暗能量约占 68.3%）。科学研究发现宇宙中超过 95% 的物质和能量没法用电磁波进行测量，基于电磁波的宇宙学在取得了辉煌成就之时，却发现在浩瀚的宇宙面前，人类面对的依然是茫茫的未知。

第三个缺陷是狭义相对论所规定的光速是一切物质、能量与信息传递速度的上限。这表明信息的传递无法超过光速，更不用说超光速星际旅行了。已知可见宇宙的直径大约为 930 亿光年，故而在 930 亿光年之外还有很大的一部分宇宙是不可见的。宇宙的膨胀使得这部分宇宙中天体的退行速度比光速还要快，也就是说这部分天体发出的光无法被我们接收到，因此如果仅凭借电磁波作为信息载体进行观测，宇宙中是有盲区的。

除了空间上的盲区之外，在时间上的滞后性也是无法避免的。由于宇宙的广袤，诸多天体离我们非常遥远，它们所发出的光到达地球时花费的时间非常长，因此我们所看到的诸多天体的影像都是它们在几百万年甚至几亿年前所发出的光。这使得我们所看到的其实是它们在遥远的过去的样子。比如，离我们最近的恒星是比邻星，我们看到的是它在四年前的样子，更不用说那些在可见宇宙边界附近的天体了。也就是说，当我们看到一些天体的时候，或许它们早已从宇宙中消失不见了。

如何克服以上三个缺陷呢？宇宙膜理论认为我们的宇宙是飘浮在十一维时空中的一个三维的膜。按照弦理论的解释，组成物质的费米子和除引力之外传递相互作用的玻色子都是开弦，它们的两端只能在宇宙膜上滑动，而传递引力的引力子是闭弦，因此它们可以在各个不同维度的空间中自由变化。比如，暗物质很有可能是高维物质，我们所观测到的只是其在三维空间中的投影。

因此，无论是大爆炸早期的宇宙还是暗物质和暗能量都具有质量，因此它们自然能产生引力场以及传递其变化的引力波。2016 年发现引力波的 LIGO 所扮演的角色就像 400 多年前伽利略指向天空的那台望远镜，开创了天文观测的新纪元。世间万物只要有质量与能量分布的变化就会产生引力波，原则上就会被诸如 LIGO 这样的装置所捕捉到，我们不得不佩服"万有引力"这个词的精妙！由于引力是时空弯曲的一种几何效应，如果宇宙有 11 个维度的话，就不会仅仅局限于四维时空中的弯曲，这使得人类有可能有效地利用时空弯曲的通道（比如虫洞、量子纠缠通道等）实现三维空间中的"瞬移"，在某种意义上实现三维空间中的超光速运动与信息传递。

有了宇宙学原理与天文观测数据后，剩下的就是书写宇宙的动力学方程了。爱因斯坦建立广义相对论之后随即将其应用于宇宙学研究，开创了现代宇宙学。由于引力场方程是一个二阶偏微分方程组，要想对它进行求解，需要有初始条件和边界条件。初始条件可以取为当前宇宙的状态，而边界条件被爱因斯坦通过假设"宇宙有界无边"巧妙地解决了。当爱因斯坦把引力场方程应用于有界无边的宇宙模型时，他发现计算出的宇宙模型并不稳定，而是随着时间流逝逐渐收缩。这其实很容易理解，因为天体之间彼此吸引是客观事实，无论是刻画这种吸引作用的牛顿万有引力定律模型还是爱因斯坦的广义相对论模型都是如此。

爱因斯坦自然对这个结论非常不满意。在牛顿与爱因斯坦的心目中，宇宙应该是永恒不变、稳定和谐的。为了抵消收缩效应，爱因斯坦在引力场方程中加了一个宇宙学项，将其称为宇宙学常数，即通过乘以一个所谓的宇宙学常数起排斥作用，可以用于抵消引力的收缩效用，最终使得宇宙达到稳定状态。

$$R_{\mu\nu} - \frac{1}{2}Rg_{\mu\nu} + \Lambda g_{\mu\nu} = \frac{8\pi G}{c^4}T_{\mu\nu}$$

哈勃定律的发现说明宇宙本身并不稳定，而是在膨胀，这导致爱因斯坦抛弃了宇宙学常数，并称其为"他一生中所犯的最大错误"。事实证明历史又跟爱因斯坦开了一个玩笑，后来人们通过 Ia 型超新星测距，发现宇宙在 60 亿年前开始加速膨胀，说明宇宙中可能存在一种未知机理的暗能量在对抗着全部天体间的引力，而宇宙学常数这一起排斥作用的项恰好在某种意义上对应于神秘的暗能量。

5.4　现代数学之奥义

前面所说的线性问题在本质上只是一种理想化，在现实世界中我们碰到的大多数问题都是非线性的。非线性实际上是一种由简单制造复杂的有效机制。从直观上来看，如果线性对应于平直，非线性就对应于弯曲。现实世界中大多数复杂问题的核心就是非线性，比如以下例子。

第一个例子是描述海洋、大气等流体变化的纳维-斯托克斯方程，这是典型的非线性偏微分方程。虽然流体力学的所有问题原则上都可以归结为这个方程，但高度非线性导致其解的存在性与光滑性至今未被证明，因此这个问题被列为千禧年七大数学难题之一。由于对初始误差的指数级放大效应，会出现像蝴蝶效应这种匪夷所思的现象。

第二个例子是广义相对论中描述引力的爱因斯坦引力场方程，它也是非线性方程的典型代表。引力场方程的本质正如惠勒所描绘的，是"物质告诉时空如何弯曲，时空告诉物质如何运动"。由 10 个二阶非线性偏微分方程组成的这个方程组的复杂程度可想而知，爱因斯坦终其一生也未得到一个精确解。这样一个非线性系统决定了小到行星、恒星，大到星系、宇宙的演化进程。

第三个例子是以杨-米尔斯场为代表的规范场理论，我们所要面对的也是非线性偏微分方程，给出精确解无疑是一项几乎无法完成的任务。物理学家只能退而求其近似解，常常还要利用重整化方法应对"无穷大"，同时规范对称性意味着与其相关的规范传播子的静质量只能为零。据说当年被誉为"上帝之鞭"的泡利因为这一点批评过年轻的杨振宁，这使得物理学家不得不引入希格斯机制来"无中生有"地产生质量。虽然杨-米尔斯场在粒子物理领域取得了巨大成功，但其严格的数学理论远未建立起来。"质量缺口假设"在数学上的严格证明也被列为千禧年七大数学难题之一。

要特别指出的是，非线性系统的机理是完全确定的，有时其本质也许是非常简单的，只是由于非线性的放大效应经过时间累积表现出了复杂性。从线性到非线性，研究对象的复杂程度有了很大的提高，可预测性也就有了很大程度的削弱。非线性的相互关联，加上系统中节点的大规模性，造就了大规模且具有复杂关联的系统——复杂系统。研究复杂系统的科学称为复杂科学。1984 年，复杂科学的研究"圣地"——圣塔菲研究所成立，正式开启了复杂科学的时代。

科学研究的基本方法论是还原论，即通过将要研究的对象逐步拆分成更基本的组成部分（由大到小，由表及里，由特殊到一般），进而在相对简单的情况下提炼出其中的基本规律，再将其重新组装回去，得到原本研究对象的普遍规律。

还原论的代表就是物理学，它探索宇宙运行的底层规律——所谓的第一性原理。

与还原论截然不同，研究复杂系统的复杂科学无疑是现代科学体系中的异类，既没有特定的研究对象，也没有固定的研究范式，但又有丰富的研究成果。当我们多了一个视角观察世界时，理解世界的方式就会深刻得多。复杂系统所涉及的领域异常广泛，人类社会、天气、生态系统、互联网乃至整个宇宙都可以看作复杂系统。但并非看起来复杂的系统都是复杂系统，比如熙熙攘攘的食堂和设计精良的波音 747 客机就不能算作复杂系统。对于食堂来说，虽然它由于用餐者可以自由选择队列、座位和饭菜而具有很大的自由度，但在整体上表现出来的秩序性很差。而对于波音 747 客机来说，虽然它经过了精密的动力学、机械与电路设计，在整体上表现出极强的秩序性，但在灵活性方面稍显不足。

那么复杂科学研究的复杂系统究竟属于哪种类型呢？其实它也并不罕见，秋天南飞的雁群、深海中游动的沙丁鱼群、早高峰时期的交通路网以及各种各样的生态系统都是复杂系统。总结起来，它们的基本特征是既有秩序而又不失灵活性。这种系统非常特殊，可以让秩序与灵活性这两种看起来截然不同的特点和谐共存。也正是因为能巧妙地协调这两个方面，复杂系统才能完成非常复杂的信息处理任务。相对于简单系统，复杂系统具有哪些独有的特征呢？下面看一下涌现、混沌和耗散结构这三个有意思的概念。

复杂系统所产生的涌现现象，其基本原理是通过局部相互作用形成的正反馈放大机制，使得某种效应增强，而这种强化作用又可以进一步增强该效应，进而使整体产生每个个体所不具备的特征与功能。一个典型的例子是蚂蚁觅食。通过观察可以发现，当蚂蚁觅食的道路有两条时，只要这两条道路的长度不一样，比较长的那条就会慢慢消失，蚂蚁总会逐渐聚集到比较短的道路上去。好像蚁群总能知道哪条道路离食物更近，而这对单只蚂蚁来说是不可能的。再如，根据现代神经生物学的观点，人类的大脑是由大约 860 亿个神经元经丝状突触相互连接而形成的神经网络，这个网络能表现出高超的智慧、复杂的情感、独立的人格，甚至具备了自我意识。

所谓混沌系统，事实上并非完全杂乱无章、无规律可循，而是无论系统表现出来的行为混乱成什么样子，系统本身都是彻底的确定性系统。混沌系统的历史能够完全、唯一地决定它的未来。同时，由于混沌系统中的非线性相互作用，它对初始条件的误差异常敏感，甚至可以对误差进行指数级的放大。这就是所谓的"蝴蝶效应"。典型的例子是三体问题。三个质量差不多的天体在万有引力平方反比的非线性作用下，在空间中划出了非常混乱且无规律的曲线。刘慈欣在科幻小说《三体》中说，三体星拥有碾压地球的文明高度，但该文明对自身所处的三个"太阳"系统无能为力。根本原因在于虽然在任意时刻，只要能精确地测得当前时刻三个天体的位置与速度，原则上就能精确地运用牛顿力学计算出这三个天体在任意时刻的位置与速度，但由于三体系统对初始条件极其敏感，误差会随着时间呈指数级放大，最终产生混沌现象。

还有一个典型的例子是湍流。当空气和水在流速较低时，其运动状态确实比较平稳，而当流速更高一些时，空气和水会出现波浪形的抖动。当流速更高时，它们的流动就可能发生混乱，出现看起来好像毫无规律的抖动。

绝大多数复杂系统都是以一种混沌与秩序相混合的方式存在的。有些时候复杂系统会像混沌系统那样展现出对初始误差的敏感性，而另一些时候复杂系统又可以展现出强大的秩序。如何在混沌中产生秩序，又如何从秩序过渡到混沌，这无疑是复杂科学研究的重要课题。

耗散结构理论是诺贝尔化学奖得主普利高津在研究热力学第二定律的基础上提出的，指的是在开放和远离平衡的条件下，系统在与外界交换能量和物质的过程中可以通过能量耗散和内部的非线性动力学机制，形成和维持宏观时空的有序结构。利用耗散结构能有效地避免"熵增"，即通过产生负熵抵消熵的增加，使系统从原来转向无序状态的趋势转变为转向有序状态。

众所周知，"简洁之美"是我们对美的直观认识，但有的时候"复杂之美"所呈现出的复杂之中的秩序则是另一种形式的美，甚至是更高层次的美。我们去看抽象派画作的时候，往往被简洁的画风及其背后所表达的深刻寓意所震撼。而当我们去看那种由复杂线条勾勒出的自然景观和建筑物交相辉映的画作（比如《清明上河图》）时有不一样的感觉，初看时眼花缭乱，进而感觉历久弥新，越品越有味道。大道至简是一种境界，在复杂的无序现象中勾勒出秩序同样是一种修为。

5.5 物理学体系公理化

欧几里得的《几何原本》所展现出的强大的逻辑力量深深地震撼了当时及后世的数学家，使得欧氏几何成为一种信仰深入人心。在著名的柏拉图学园门口赫然矗立着"不懂几何者不得入内"的牌匾，而欧几里得也对托勒密一世说出了"在几何学里没有专为国王铺设的大道"这句豪言壮语。

柏拉图学园

在整部数学史中，欧几里得的公理化方法无疑是延续两千多年的数学理论演绎范式，它对后世的深远影响早已超出了数学的范畴，深深地影响了科学史上那些璀璨的明星。西方哲学中有著名的奥卡姆剃刀原则"如无必要，勿增实体"，东方哲学中也有"大道至简，至美无相"的原则，说明我们的世界虽然五彩缤纷、变化无穷，每门科学的理论体系虽然纷繁复杂，但其本源、奠定底层逻辑的公理——第一性原理其实是比较简洁的，而庞大的理论体系只不过是第一性原理在逻辑意义上的推演和延伸。

在此哲学纲领的指引下，科学特别是物理学的研究出现了两种不同的方法论派别。第一种是演绎派，以牛顿、爱因斯坦以及狄拉克为代表，他们从第一性原理出发，通过逻辑推理与数学演绎建立起科学理论的完整框架。这种研究方法实际上就是欧几里得《几何原本》中的公理化范式，结构严谨，体系优美，但非常依赖对于公理——第一性原理的合理选择，只有宗师级的人物才能有效把握。第二种是归纳派，他们通过总结、归纳已有的实验现象来建立理论体系。这一派的代表人物要多得多，比如伽利略、开普勒、安培、法拉第、麦克斯韦、玻尔、海森堡以及费曼等。要做出真正有意义的归纳，需要有极强的物理直觉和顿悟能力，但同时也会出现对实验数据的模型过拟合问题。比如，在 100 次实验中有 99 次都与理论吻合，但只要有一次不吻合，则之前的一切努力大概率就要被推翻。下面介绍演绎派的几个典型人物。

从物理学的层面看，牛顿和爱因斯坦到底谁更伟大，不同的人有不同的见解。不过排名第三的麦克斯韦是没有争议的，再往后的话就是仁者见仁、智者见智了。比如，在 2000 年的时候，英国的《物理世界》杂志向全世界 400 多位著名物理学家征集选票，让他们选出人类历史上最伟大的 10 位物理学家，结果爱因斯坦超越了牛顿排名第一。具体的排名如下：爱因斯坦、牛顿、麦克斯韦、玻尔、海森堡、伽利略、费曼、狄拉克、薛定谔和卢瑟福。

在物理学家中，爱因斯坦无疑是最像牛顿的，他在构建物理学理论体系时同样运用了公理化范式。他在《狭义与广义相对论浅说》中以相对性原理（所有惯性系平权）和光速不变原理为公理，以初等数学为工具建立了狭义相对论，进而推导出了著名的质能方程。以广义相对性原理（所有参考系平权）、等效原理、马赫原理和引力场方程为公理，爱因斯坦建立了现代物理学支柱之一，也是超越牛顿万有引力定律的全新引力理论——广义相对论。

爱因斯坦的梦想归结起来只有两个字——统一。他是一位纯粹的理论物理学家，所追求的并不只是实验结果的好坏与物理常数的精度，也不是物理学理论在实际中的应用，那么他更关注的是什么呢？用爱因斯坦自己的话说，他想搞明白老头子（爱因斯坦对上帝的称呼）究竟是如何创造这个世界的？爱因斯坦的毕生追求是找到这个世界最本质的规律，领悟宇宙运行的第一性原理。爱因斯坦所追求的第一性原理，不但应能包容所有已知的理论，而且要尽可能地简洁、普适。因此，在 1925 年之后，也就是爱因斯坦人生的最后 30 年里，他偏离了物理学的主流研究方向——量子力学，转而研究所谓的统一场论。

当时已知的相互作用共有两种：电磁相互作用和引力相互作用。相应地，决定世界运行的理论也有两套。其中，描绘电磁场变化规律的理论叫电动力学，经由库伦、安培、法拉第、麦克斯韦和赫兹等几代物理学家的努力已相当完善，特别是经过狭义相对论的加持以及后来与量子力学的有机结合，最终演化成了量子电动力学。决定引力规律的理论是牛顿的万有引力定律的拓广——广义相对论，这是爱因斯坦本人凭借超强的物理直觉单枪匹马创立起来的。爱因斯坦认为自然界中不应该存在两种独立的相互作用，这不符合他关于"简约之美"的哲学观。他认为应该存在一种更基本的相互作用，而电磁力和引力只是这一基本相互作用的两种不同表现形式。他所孜孜不倦地追求的统一场论是刻画这种基本相互作用的第一性原理。

以玻尔为代表的哥本哈根学派认为微观世界的底层逻辑是随机的，并以概率为语言创立了量子理论，但因对确定性的违背而遭到了爱因斯坦的强烈反对。但科学发展的大趋势不会因为个人的好恶而改变，即使爱因斯坦也不行。经过玻尔、海森堡、薛定谔、狄拉克、泡利、玻恩以及约当等人的努力，哥本哈根诠释成为了一套严格的公理化系统，特别是狄拉克在 1930 年出版了《量子力学原理》，更是将量子力学的公理化体系打磨到了极致。以互补原理、对应原理、波函数的概率解释、不确定性原理以及测量导致的波包塌缩为公理，现代物理学的另一大支柱——量子力学建立了。

爱因斯坦认为量子力学的哥本哈根诠释绝非微观世界的第一性原理。他说："上帝不会掷骰子！"玻尔针锋相对地反驳道："爱因斯坦，别去指挥上帝怎么做！"为了反驳哥本哈根诠释，爱因斯坦设计了许多思想实验。众所周知，公理化系统对于公理的选取是极其讲究的，必须满足以下三条。

①独立性：公理之间不能相互蕴含。

②相容性：公理之间不能相互矛盾。

③完备性：所选的公理应该尽可能全面地导出所在学科的结论。

哥本哈根学派

因此，爱因斯坦想要攻击哥本哈根诠释的话，最直接的方法就是指出哥本哈根诠释作为一套公理系统，其选择的公理有不合理之处，即不满足上述三条中的一条或者几条。

首先反驳独立性。但反驳独立性并不是一件容易的事情，毕竟哥本哈根诠释的几条公理是由玻尔、海森堡等那个时代最优秀的物理学家经过反复考虑精心挑选出来的，彼此之间不独立的可能性微乎其微。作为他们的老对手的爱因斯坦也深谙此道，因此他并没有向独立性开火。

其次，反驳相容性。关于哥本哈根诠释中公理之间的相容性，甚至公理本身的正确性，这是爱因斯坦首先选取的突破口，原因应该是哥本哈根学派和爱因斯坦关于自然规律的理解在最底层的哲学观念上有很大的不同，而公理本身恰好是这些哲学观念的科学化表述。因此，爱因斯坦在哲学层面上强烈反对哥本哈根学派的观点，他认为玻尔在哲学上的错误必然会导致科学表述上的不合理性。

战略确定后，在战术上先攻击哪条公理呢？爱因斯坦把矛头指向了"算不准先生"海森堡的不确定性原理，即能量不确定量与时间不确定量的乘积不小于约化普朗克常数的一半，形象化的描述就是物理系统的能量和时间不能同时得到精确测量。相对于后来薛定谔的猫对量子叠加态攻击掀起的巨浪，爱因斯坦这次在战术上选错了方向。虽然海森堡在数学计算上有时容易出错（比如算错了铀的临界质量，导致德国没有先于美国制造出原子弹），但爱因斯坦忘记了海森堡具有和他一样的超强物理直觉（当年海森堡在博士学位论文中仅凭物理直觉就猜出了湍流问题的一个解），因此海森堡在物理规律的底层逻辑上一般是不会错的。

爱因斯坦设计了一个被称为光子箱的思想实验，利用他的成名绝技狭义相对论中的质能方程给出了一种能够准确测量能量和时间的实验方案。这个实验最初震惊了以玻尔为首的哥本哈根学派的一众成员，但不久玻尔就发现爱因斯坦并没有考虑广义相对论的引力红移效应，由于光子的飞出会导致光子箱在引力场中移动，引力红移所产生的能量偏差通过广义相对论计算后与时间的乘积正好是约化普朗克常数的一半。好一招"以彼之道还施彼身"，爱因斯坦凭

爱因斯坦的光子箱

借其成名绝技狭义相对论所构造的光子箱实验却输在了自己的终极大招广义相对论上。玻尔不愧是量子力学的"教皇"，这不禁让人联想起金庸武侠小说《天龙八部》中擅长斗转星移的姑苏慕容氏，以及《倚天屠龙记》中大战光明顶时瞬间学会了六大派武功的张无忌。

最后，反驳完备性。与哥本哈根学派交锋的接连失败，使得爱因斯坦意识到哥本哈根诠释中的公理可能没有错误、彼此相容，但仅凭这几条公理并不足以从逻辑上完全解释现实世界的一切，即哥本哈根诠释这套公理系统或许是不完备的。为此，他和波多尔斯基、罗森共同署名发表了一篇论文，题目就叫《物理实在的量子力学描述是完备的吗?》，提出了后来引发量子信息革命的著名的 EPR 佯谬。现在看来，爱因斯坦忽视了哥本哈根诠释并非遵循因果律，即其理论逻辑并非因果式的确定性，而是概率式的随机性。

5.6　简单与复杂

如果说 21 世纪是生命科学的世纪，那么 20 世纪无疑是物理学的世纪。现代物理学有两大理论支柱：一个是广义相对论，另一个是量子力学。这两大理论共同促进了 20 世纪科学的蓬勃发展。我们现在使用的卫星导航就需要依赖广义相对论，而日常生活中必不可少的手机、计算机、互联网以及家用电器所依赖的半导体和激光技术的理论基础就是量子力学。

我们对世界的认知主要来自日常经验，而日常经验所涉及的物理学主要是力学、热力学、电磁学和光学，它们描绘的是宏观低速的物理世界。从尺度上来说，这里的宏观尺度大约是指 10^{-6} 米到 10^9 米，仅仅横跨了 15 个数量级而已。现代物理学中的狭义相对论描绘的是运动速度接近光速的世界，广义相对论描绘的是大质量、大尺度的宏观世界，而量子力学描绘的则是小尺度的微观世界。从尺度上看，从普朗克长度 10^{-35} 米到可见宇宙的直径 930 亿光年（将近 10^{27} 米），所跨越的数量级是极大的，大约有 62 个数量级。日常经验尺度以外的另外 47 个数量级尺度下的世界，就是宇宙和粒子的世界。

以爱因斯坦为代表的物理学家相信宇宙只有一套完整的基本法则，各个领域中的物理定律只是这套基本法则的不同表象。因此，要想找出这套基本法则，首要任务就是将广义相对论与量子力学统一起来。这无疑是现代物理学家心目中的终极目标。弦理论和圈量子引力理论正是结合广义相对论与量子力学的有效方案，其最本质的观点分别是"万物皆为弦"与"时空皆为量子"。

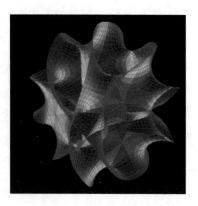

弦理论

引力效应与量子效应的结合产生了热，

就像霍金利用广义相对论与量子场论的有机结合——弯曲时空的量子场论得到了黑洞的霍金辐射，进而说明黑洞不黑，本身也具有温度。而根据广义相对论中的等效原理，加速效应等效于引力效应，因此加速运动的物体也会感受到热效应的存在，这就是著名的安鲁效应。由热力学第二定律可知，任何孤立系统必定沿着熵增的方向变化，这就是时间的热力学箭头，无疑是目前关于时间流逝方向的最好的刻画方式之一。

热力学效应缔造了我们这个充满生命的生机勃勃的世界，就像薛定谔的天才洞见——生命来自负熵。漫长的演化历程造就了生命体在稳定遗传基础上的有效变异以及复杂高效的新陈代谢，产生了自我意识乃至智慧文明。谁又能想到这一切只是在浩瀚银河中的一颗普通恒星附近的一颗固态行星上完成的，不得不说这是一个奇迹！当我们抬头仰望苍穹，由衷赞叹宏大宇宙和浩瀚群星的时候，我们的体内也有着堪比星系演化的复杂生命过程在进行，而大脑中的 860 亿个神经元也在谱写闪烁放电的诗篇。

科学发展到当代，虽然在大多数人的眼中，科学研究不过是与冷冰冰的公式和数据打交道，但有人认为科学更像诗歌、歌剧和古典音乐这类艺术，在复杂的实验数据、冷峻的逻辑推理背后还有着温情脉脉的感性之光。这也许才是科学灵感的源泉吧。没有艺术的科学是不完美的，毕竟科学和艺术都是对于自然中的真理和美的追求。

无论是科学家还是艺术家，当修为达到一定境界时，都会从对极致细节的追求转为对大局观、理念和美的追求。大数学家外尔曾说："我毕生在追求真与美，如果只能选择一个的话，我宁愿选择美！"华罗庚先生在剑桥大学的导师、大数学家哈代也曾说："美是数学首要的试金石，丑陋的数学是没有生命力的。"

对于"美"这个有些缥缈的概念究竟是主观的还是客观的，现在依然没有定论。对于美的定义依据的是我们人类自己的标准，比如普适、简洁以及赏心悦目等。著名物理学家张双南研究员曾经给美下过一个定义：没毛病，不常见。这句话非常深刻地道出了美的本质特征。对于科学，我们是否可以用人类的主观标准去评价？也就是说，是不是只有符合人类的审美情趣的理论才能被保留，否则就被抛弃？

当然，我们不能简单地用美学标准来衡量应用科学，因为无论某一学科的底层理论多么漂亮，一旦涉及具体的实际场景，就必然碰到多种因素共同作用的情况。这个时候复杂是其基本特征，我们自然不能奢望依然看到简洁之美。有的时候，复杂之美反而能够遍历所有的本质特征，更具有普适价值。我们所讨论的对象是宇宙的基本规律，即所谓的第一性原理，它是否必须接受美学的裁定？

我们不禁要问，人类主观的美学标准真的可以准确无误地反映客观世界吗？美学的天平真的可以称量宇宙的底层规律吗？这可能需要看到底针对的是什么学科。

数学和计算机科学这类形式逻辑科学建构在逻辑推理的基础上，因此理论本身不必对应于现实世界，无论其得到的结论看起来多么荒谬，多么有悖于人类的常识，只要在逻辑上无懈可击、能够自洽，就是有意义的。比如，我们会被一个简洁优美的公式所震撼，被一位天才程序员写下的一段小巧而又强大的代码所折服。那么对于这种情况，美学标准就可以作为评判的最终标准。

对于自然科学，根据波普尔的"以可证伪性为科学划定界限"的观点，评判科学理论的唯一标准是实验而不是美学。比如，粒子物理的标准模型在形式上确实称不上多么优美，但因其与实验结果的高度契合至今依然被奉为经典。而体系优美、格局更大的弦理论还没有太多实验结果的支持。

另一个经典的例子是当年大数学家外尔研究规范场论时，将黎曼几何中向量平行移动过程中方向的改变推广为大小尺度也改变。他把论文寄给普鲁士科学院，当稿件到达爱因斯坦手里时，爱因斯坦的评价是"数学上的天才之举，物理学上没有意义"。由于平行移动过程中向量大小的改变，原先一对等长的标准尺和一对同步的标准钟沿着不同的路径从 A 点移动到 B 点，尺的长度和钟的快慢将有所不同，因此我们无法分辨哪个是标准尺，哪个是标准钟。这使得物理测量成为了泡影，因此动摇了物理学是以测量为基础的实验科学这一根基。

　　但在大多数时候，我们发现真正经典的理论经过实验和应用的检验后最终保留下来的方程和公式往往都具有极高的美学价值，如以下例子。

　　统一电、磁、光的麦克斯韦方程组是如此优美，让人不禁感叹这或许是上帝的手笔。因此，当由麦克斯韦方程组导出的光速不变与伽利略变换相矛盾时，物理学家基于其高度的美学价值笃信了麦克斯韦方程组，而将伽利略变换推广为洛伦兹变换。

光线在引力场中的弯曲

　　广义相对论中的爱因斯坦引力场方程不但简洁优美，而且具有深刻的物理内涵：物质告诉时空如何弯曲，时空告诉物质如何运动，从而将小到行星和恒星、大到星系和宇宙的一切都掌控其中。爱因斯坦依据引力场方程计算出太阳质量对周围时空产生的弯曲效应会导致遥远恒星发出的光发生偏转，他的计算结果比用牛顿的万有引力定律进行计算的结果大一倍。1919 年，爱丁顿爵士借助日食得到了与爱因斯坦的预言相符的观测数据并将其传回柏林，普鲁士科学院的科学家在科学年会上向爱因斯坦致以了衷心的祝贺，报以热烈的掌声。爱因斯坦却一脸平静地说：“实验结果当然是那样，如果不是的话，我宁愿相信上帝错了，也不相信广义相对论如此优美的理论会有问题。”这是何等的自信与霸气，这种底气应该来自爱因斯坦对美的笃信。

　　为了建立相对论量子力学方程，年轻的狄拉克解出了具有负能量的解，这种事情是之前从未有过的。出于对美的信仰，狄拉克预言存在一种与电子的其他物理属性相同而电荷相反的全新粒子。在开始的几年中，狄拉克也遭到了质疑乃至嘲笑，但最终科学的历史又一次证明美的东西确实具有强大的生命力。1932 年，安德森（最早应该是中国科学家赵忠尧）在宇宙射线中找到了狄拉克预言的电子的反物质——正电子。

　　可以说，如果没有狄拉克对于正电子的预言及其最终被发现，新生的量子力学还将处于对已知实验现象进行解释的阶段，而未能做出对全新现象的预言。正电子的预言和发现使得量子力学成为了物理学中的瑰宝。1932 年的海森堡以及 1933 年的薛定谔和狄拉克先后为量子力学理论体系的建立捧起了诺贝尔物理学奖。

如此看来，人类的美学品位在很多时候确实能决定物理学客观规律的正确与否，那么自然规律到底是主观的还是客观的呢？为什么会出现这种情况呢？按照现代神经生物学的理解，美感这种意识来源于大脑的生物学功能，而人类的大脑是由 860 亿个神经元构建成的神经回路，本质上也是物质的，自然受到了物理规律的制约。也许物理规律所操控的大脑美感恰巧能和规律本身产生共鸣。当客观规律以正确的形式呈现时，这种共鸣尤为强烈。

也许有人会认为，我们对美的感觉并非完全决定于大脑的生理机能，还受到人生经历以及文化传统的影响，但这从一个侧面恰好说明文化传统的构建本身也受到物理规律的制约。

另一种解释是科学理论本身也和生命一样有演化的特征，理论的形式和内涵随着时间的流逝进行随机变异，同时在自然选择的推动下，展现出越来越适应环境的特征。而科学理论的自然选择机制应该是科学家的审美情趣以及那些精巧简洁的实验。既然起决定作用的科学理论的自然选择本身就有一种倾向于美与简洁的属性，经过时间的沉淀，那些被奉为经典的科学理论同样具备美学特征也就不足为奇了。

更进一步地，如果考虑的是社会科学，我们就不能简单地应用美学标准了。社会是由许多具有独立意识的个体组成的，他们之间具有错综复杂的关联，并基于多种因素共同对社会产生作用。这个时候复杂是基本特征，我们不能奢望社会科学依然具有简洁之美。

比如，现代经济学理论往往把某些变量适当简化（比如理性人假设），或者把某些影响适度放大。由于不同的经济学流派放大的侧重点不同，最终衍生出来的经济学理论具有较大的差异。

考虑到物理学是定量研究相对成熟的学科，对社会科学中的系统进行恰当的物理学类比，也许能得到一些启发。比如，从物理学的角度去看，在经济与金融中起重要作用的市场就像一个自由开放的系统，在供需平衡状态附近随机游走，但总有一只看不见的手会纠正偏离平衡状态的市场，就好像物理学中的热力学第二定律。这就是所谓的市场万能论吧。一旦出现某种不可抗的外力，市场严重偏离平衡状态时，就会出现热力学中著名的普利高津耗散结构，市场在远平衡状态时变换出新的结构。

第6章 >>>
从确定到随机

6.1 数学是什么

作为像天文学一样古老的学科，数学有着两千多年的悠久历史，可以说整部数学史就是一部群星闪烁的历史。从古希腊的毕达哥拉斯、欧几里得、阿基米德、丢番图，到文艺复兴时期的笛卡儿、费马，再到近代的牛顿、莱布尼茨、欧拉、达朗贝尔、拉格朗日、拉普拉斯、柯西、高斯、阿贝尔、伽罗瓦、黎曼、康托尔、魏尔斯特拉斯，再到现代的克莱因、庞加莱、希尔伯特、外尔、诺特、冯·诺依曼、格罗滕迪克……每个时代最杰出的一批头脑都在为数学大厦添砖加瓦，贡献自己的聪明才智。历经两千多年的积累与沉淀，现代的数学无疑是集宏大、深刻与美丽于一身的。

假如你不是一名数学专业的学生，多年之后也许不能记住学过的每一个数学定义和证明过的每一条数学定理，也不一定会求解每一道曾做过的数学习题，了解每一个数学典故。这都没关系，重要的在于对数学整体的把握、对数学思想的领悟以及对数学之大之美的品味。

那么，到底什么是数学呢？至今没有明确的定义，人们对于数学的认识是随着数学理论和实践的发展、数学水平的提升以及数学思想的进化而逐步深化的。

第一种对数学的认识来自数量关系与空间形式。早在 19 世纪，恩格斯就认为数学是关于数量的科学，纯粹数学的研究对象是现实世界的空间形式和数量关系。这里的"空间形式"指形，而"数量关系"指数，也就是说数学是研究数与形的学科。我们从小接触数与形，对它们的认识是随着学识和阅历的增长而不断深化的。数给人的印象是定量化、精细化，而形给人的印象是形象化、直观化。

法国数学家笛卡儿和费马所创立的解析几何真正实现了数与形的结合。解析几何的创立使得几何学的方法论发生了翻天覆地的变化。比如，学习平面几何和立体几何时，有些题目很难，有可能要作几条甚至十几条辅助线才能解决。全国高中数学联赛二试、中国数学奥林匹克竞赛（CMO）乃至国际数学奥林匹克竞赛（IMO）中必有一道平面几何题。解析几何的出现使得人们有了一种新的方法来解决几何问题。通过建立平面（或空间）坐标系，把点对应于坐标，把曲线与曲面线对应于方程（组），通过求解方程（组）来解决原本的几何问题。由于解方程有固定的算法，哪怕过程复杂，通过计算机编程也能轻易实现。

解析几何将平面几何与立体几何中的千题千法转变为按照固定程序和套路来求解，虽然失去了几何学原本的优雅和美感，但从另一个方面说明了什么是真正意义上的"好的数学"。关于所谓"好的数学"，一个重要的标志是可以让普通人轻松解决以前一些很困难的问题（只有数学天才可以企及的问题）。解析几何无疑是"好的数学"的典型代表。

另一个"好的数学"是微积分。在微积分发明之前，求一个球的体积，以及求更复杂的几何体的体积和表面积是很难的。人类历史上第一个得到正确的球体积公式的人是阿基米德，阿基米德是古希腊最伟大的数学家。而今普通的大学生只要学上一学期微积分，便能轻易算出球的体积，甚至连阿基米德当年求不出的立体体积也能借助微积分求出来。这说明微积分也是"好的数学"。

第二种对数学的认识来自布尔巴基学派的结构主义。布尔巴基学派是法国著名的数学学派，布尔巴基实际上并不是一位数学家，而是法国古代的一位大将军的名字。布尔巴基学派是当时法国的一批非常有才华的年轻数学家所成立的一个学术团体，他们希望按照一种全新的方式重新构建现代数学。布尔巴基学派认为"数学是研究结构的学科"，所谓的数学对象只不过是附加了各种数学结构的集合，基本的数学结构有三大类。

结构主义无疑是学习与研究数学的内功心法，可以从纷繁复杂的数学定义、定理和公式中梳理出问题的本质，也易于把握数学发展的未来趋势。

布尔巴基学派

第 2 章讲过布尔巴基学派提出的三大基本数学结构。简单来说，代数结构就是代数运算，比如数和多项式的加、减、乘、除等运算；拓扑结构就是度量空间中的两个点之间的距离、两条线之间的夹角的一种标准；序结构就是大小关系。

对大学数学有点了解的人都知道大学的第一门数学课。无论是数学专业的数学分析还是非数学专业的高等数学，第一个核心的研究对象都是单变量实函数，其定义域和值域都是实数域的映射。这类函数有非常丰富的性质（比如连续性、可微性与可积性）可供研究，其原因就在于它的定义域和值域都是实数域。

对于实数域，如果以结构的观点去看，能看得非常清楚。实数域天然具有代数结构——加、减、乘、除四则运算，同时也有一个很自然的拓扑结构，即在数轴上把任意两个实数 a 和 b 表示出来之后，能很容易度量二者间距离的大小 $|a-b|$。又由于任意两个实数都可以比大小，故实数域也具有序结构。这说明对实数域而言三大结构都具备，结构足够丰富，因此研究起来比较简单。这也是大学第一学期的数学课以单变量微积分为主的主要原因。

第三种对数学的认识是模式科学。美国数学家德夫林说："数学是关于模式的科学，这些模式可以在任何你愿意寻找它们的地方找到，在物理宇宙中，在生活的世界中，甚至在我们自己的头脑中。"所谓模式是指一套满足量化关系的确定规则。既然规则是确定的，那么在统一的公理体系下，数学结论一旦被证明就永远是对的。比如，两千多年前欧几里得在《几何原本》里证明了许多平面几何与立体几何中的定理，今天那些定理仍然是对的。平面上三角形的内角和是180°，今天依然如此。这也许是每个时代最杰出的一批人投身于数学研究的原因之一。相对来说，能在数学中找到所谓的相对真理。

数学的这个特征与"后继者喜欢颠覆先辈理论体系"的科学有着天壤之别。回溯一下与欧几里得同时代的古希腊哲学家与科学家的观点和学说，比如毕达哥斯拉的"万物皆数"、亚里士多德的"力是维持物体运动的原因""下落时重的物体比轻的落得更快"、托勒密的"地心说"、希波克拉底的"四体液说"等。它们早已在近现代科学发展史上被推翻和抛弃，所涉及对象的现代科学版本也已经面目全非。

开尔文勋爵

纵观现代的自然科学，即便是相对成熟的物理学也是一片混沌。20 世纪初，开尔文勋爵有句名言"在经典物理学的万里晴空上飘着两朵乌云——迈克耳孙-莫雷实验的零结果和原子比热问题。"开尔文勋爵当时乐观地认为这两朵乌云很快就能被纳入经典物理学的理论体系，没想到这两朵乌云后来演变成两场暴风雨，使得经典物理学的大厦轰然倒塌。物理学家在一片废墟上建立起来两座更加宏伟的大厦，其中一座是广义相对论，另一座是量子力学。

假如效仿开尔文勋爵的眼光去看 21 世纪的物理学，就不仅仅是两朵乌云的问题了，而是大片大片的乌云。现在的物理学面临着比当年更大的困境，比如暗物质与暗能量的本质，黑洞、白洞、类星体以及虫洞的本质，宇宙的起源、演化与最终命运（是永葆活力还是归于热寂）。此外，还有生命的起源与意识的本质这两大问题。虽然这两个问题来自生命科学，但从物理学的角度来看，生命和意识其实就是复杂系统，其底层机制就是量子力学，其规模和非线性最终导致了复杂性。

可以说自然科学的每一次进步都建立在改进甚至彻底推翻前人理论的基础上。套用普朗克的话，随着物理学的每一次进步，新的思想和理论被广泛接受，并不是那些原本信奉旧思想的人改变了信仰，而是他们随着时间的流逝逐渐老去，使得学习并信奉新思想的新生代掌握了科学的话语权。因此，科学事实上并不是绝对的真理，科学的发展是一个不断向真理逼近的过程。伟大的哲学家波普尔认为"科学的基本特征在于其可证伪性"，而检验科学的唯一标准就是实验。如果一门学科能被称为科学的话，它一定有可能被证明是错误的，这说明数学事实上并不是科学，它与物理学、化学、生命科学是不一样的。当然，数学不是科学并非说明它不好，只是说它不是科学而已。

6.2 确定与随机是硬币的两面

在可见宇宙中，如果不考虑暗物质与暗能量，虽然基本粒子的数量多达 10^{80} 个，但组成世间万物的基本粒子只有 48 种，即使加上传递相互作用的传播子以及产生质量的希格斯玻色子，总共也只有 61 种。但是，这 61 种基本粒子通过不同的排列组合方式，竟然构成了如此纷繁复杂的世界，孕育出如此生机勃勃的宇宙。而在这一切之中，基本粒子的组合方式（信息）起着决定性的作用，因此物理学大师约翰·惠勒曾感叹道："万物皆比特（信息）！"

在任何领域中，最底层的逻辑，抛开基本规律后本质上就是信息。在人类社会中，常用的指标，比如 GDP、综合国力、军事水平、人口数量等都是数字化的信息。像生命这般复杂的个体，也只不过是依据 DNA 所记录的遗传编码，借助分子生物学的中心法则组装在一起的功能蛋白质而已。至于更加复杂的意识，按照现代神经生物学的观点，也无非是 860 亿个神经元按照特定的信息构建成的神经网络。从更底层的弦理论视角去看，所谓的基本粒子也并不基本，它们只是按照不同的频率和模式振动的弦，振动模式造就了世间万物，而振动模式本身就是信息。

如果你还记得以前讲过的拉普拉斯兽，就会很自然地将其与"万物皆比特"联系起来。既然一切都可以归结为信息，如果拉普拉斯兽能够知晓当前宇宙中所有基本粒子之间的相互作用以及这些粒子在当前时刻所处的位置和速度等信息，那么它也许就可以根据某种机制得知宇宙在未来或者过去任何时刻的位置和速度信息。当然，具体操作起来，至少需要面对 3×10^{80} 个非线性的二阶常微分方程。假设底层机制更加复杂，比如广义相对论或量子场论，求解就更加不易！因此，拉普拉斯兽只是在理论上有可行性，实际操作中几乎没有可行性。那是不是说就没有任何意义呢？这也未必。刚才我们讲的是从计算的角度来看无法实现，但数学理论的可行性告诉我们，虽然不能将其解出，但这个解本身实实在在地存在，而且确实是由初始速度和初始位置所决定的！也就是说，在本质上未来与过去是由当下的状态完全决定的，这就是所谓的机械决定论。

既然机械决定论告诉我们当前的状态可以完全决定未来和过去，那么是不是就意味着我们不需要努力了，因为现在的状态已经把我们的命运注定了？其实也未必尽然，我们可以从两个方面去讨论。

一方面，从基本粒子的层面去考虑，运行机制或底层原理其实并不是牛顿第二定律，而是量子力学中的薛定谔方程或狄拉克方程，它的解是所谓的波函数。根据波函数的概率解释，最终求出来的解只是微观粒子在 r 位置、t 时刻出现的概率，因此就算我们能够把这个解求出来，所得到的也只是概率而已。所以，微观世界的底层逻辑是概率的，没办法机械决定。

另一方面，从宏观上去看，由于二阶常微分方程组本身的非线性，也会产生不可预知的问题。一个典型例子就是三体问题。考虑地球、月亮和太阳互相绕转，以牛顿的万有引力定律作为基本的动力学方程来表述其运行规律的时候，我们发现即使只有三个这样的天体，由于万有引力与距离的平方成反比，这个常微分方程组也会表现出极高的非线性，最终会出现所谓的混沌现象。

从这个例子可以看出，宏观世界以牛顿第二定律作为底层规律，有时也会因为方程本身的非线性产生一些难以预料的后果。当初始条件发生一点点的变化时，由于非线性的相互作用以及大规模化因素的影响，这个变化最终会被放大成一个呈指数级变化的偏差。这也是为什么长期气象预测问题很难解决，天气预报最多不超过 72 小时才能保证较高的准确率。

这给了我们哪些启示呢？简而言之，现在的微小扰动会因为非线性的影响而按几何级数增大。我们现在多努力一点儿，这些努力也许就会由于人类社会的发展以及我们自身的成长这样一些具有非线性特征的因素的作用而呈指数级放大。更形象地说，如果今天多努力一点儿，明天的收获就会很多。

海森堡

与经典物理学不同，量子力学从微观层面认为世界的底层逻辑就是不确定的。根据波粒二象性，海森堡意识到在微观世界里，并不能像在宏观世界里一样同时测定一个物体的精确位置和速度。位置与速度的测量误差有一个下限，为约化普朗克常数的一半。海森堡的深刻洞见可以用以下思想实验来说明。

为了测一个微观粒子的位置和动量，我们应该怎样做呢？考虑一下宏观物体，想要知道一个桌子在这里的话，可以用一束光去照它，光源发出的光照到桌子上，然后被桌子反射到我们的眼睛里，我们才能看到这个桌子确实在这里。既然测量桌子的位置可以用这种方法，那么对于微观粒子（比如一个电子），我们要想看到它的话，自然也可以用光去照它。光被电子散射，最终被实验仪器接收到后，我们就可以测得电子的位置。

但与桌子不同，电子的尺度非常小，它的直径上限不会超过 10^{-18} 米。这意味着要想准确地捕捉到电子的位置，就必须用波长非常短的光去照射它才行，而波长短意味着频率高。根据普朗克能量公式 $E = h\nu$，频率越高，光的能量越高，它会极大地干扰电子本身的动量。这意味着位置的测量越精确，动量的测量就越不精确。

后来玻尔和海森堡意识到这种不确定性并不是由测量本身所导致的，而是微观粒子的一个根本属性。在微观世界中,位置和动量本身就不能同时被确定。微观世界中有另外一套法则,位置与动量不能同时被确定这一点恰恰是微观世界区别于宏观世界的特征。类似的还有能量不确定量与时间不确定量的乘积也有同样的下限,这导致时间的测量越精确,能量的测量就越不精确,所以在真空中每一个确定的瞬间都会产生极大的能量涨落。根据质能方程 $E = mc^2$,能量的涨落会导致质量的不确定性。所以,在真空中的每一个时刻都会瞬间产生一些带正、负能量的虚粒子对。它们的瞬间产生和瞬间湮灭使得真空在平均意义下不违背能量守恒定律。

如果这种涨落发生在黑洞周围,黑洞的巨大引力会使得落入黑洞视界内的粒子无法逃逸。在黑洞附近产生的具有正、负能量的虚粒子对可能同时落入视界内,或者只有正能量粒子落入,或者只有负能量粒子落入,或者二者都不落入。霍金利用弯曲时空的量子场论得知,只有负能量粒子落入而正能量粒子不落入的概率最大。也就是说,落入黑洞的带负能量的虚粒子使得黑洞的总质量减小,而原先那些瞬间产生的带正能量的虚粒子由于没有与之湮灭的虚粒子,最终变为实粒子被保留下来了。从远处去看,好像黑洞在源源不断地往外发射实粒子,而它自身的质量在不断减小,即黑洞将其自身的质量以辐射的形式释放出来。这就是著名的霍金辐射。

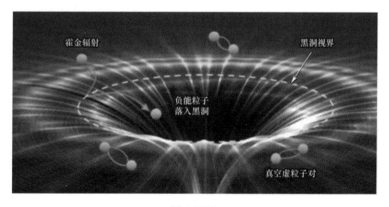

霍金辐射

类似的还有我们的宇宙，它可能也是因为海森堡的不确定性原理所导致的能量涨落发生了大爆炸，大量的能量基于爱因斯坦的质能方程转化成了物质。当然，我们不得不考虑凭空产生的海量物质所导致的能量不守恒问题。这里的关键点是质量所产生的引力系统是一个负能系统，即引力势能是负的。这使得利用不确定性原理从真空借来的能量所产生的物质对应的正能量正好被这些质量构成的引力系统的负的引力势能抵消掉了，能量守恒定律并未被违背。

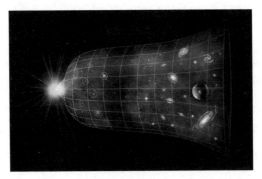

宇宙大爆炸

6.3　哥德尔的封印

读到这里，相信你会产生以下疑问。为什么数学中有如此多困难的猜想困扰着一代又一代数学家？是因为数学自身的发展速度太快，已经超越了人类智慧演化的极限吗？还是因为像哥德尔不完备性定理所说的，"一个数学系统只要能容纳算术公理，就一定会存在一些命题既不能被证明也不能被证伪"？也许黎曼猜想、哥德巴赫猜想、霍奇猜想、BSD 猜想等就是哥德尔不完备性定理对数学理论的封印。

做一个形象化比喻，可以考虑一个三维迷宫。跟正常的四四方方的迷宫不一样，它的道路是立体的，四通八达，而且处于不同的高度，互不干扰地穿插而过。迷宫中有的道路是单向的，只能往前走而不能往后退，有的路却是可以来回走的。

这个迷宫也许可以类比庞大而优雅的数学理论体系。数学中的概念、定理和猜想可视为迷宫的节点，而节点之间的道路就是概念、定理和猜想间的逻辑推演。因为有充分条件、必要条件和充分必要条件之分，所以有单向和双向的道路。数学家证明定理和猜想的过程就像在迷宫中从已知的节点出发，选择一条道路到达所要证明结论的节点。在此期间会碰到很多其他节点，当然也有若干种起点的选法和道路的走法，有时只能前进而不能后退，所以从数学的角度上说，要实现的证明就是找一条最短路或者局部最短路。

虽然数学的理论体系庞大，但它是一个有机的整体，数学的各个分支之间彼此紧密相连。怀尔斯证明费马大定理时所用到的谷山-志村定理就是一个典型的例子，它在椭圆曲线和模形式这两个看似不相关的数学分支之间建立起了对应关系。当然最具代表性的是被誉为"数学大统一理论"的朗兰兹纲领。

从这个观点来看哥德尔不完备性定理，由于任何数学单一系统都不能代表整个数学，它里边的一些命题的证明与否定实际上建立在其他数学分支中的论断的基础上。该系统中的那些不能被证明或否定的命题可以经由别的数学分支中的概念和定理来证明或否定。费马大定理是数论猜想，是用椭圆曲线和模形式来证明的；庞加莱猜想是拓扑问题，是用微分方程来证明的。这些无疑都是数学分支交叉的艺术。

假设整个数学体系就像一幅庞大的图，那么数学中的概念、定理、猜想以及它们的否命题就是这幅图的节点，逻辑推演的过程实际上是用边连接两个顶点。对于这个拥有海量节点和边的复杂网络，根据复杂网络的六度分离原理，任何两个顶点一定能够通过边来连接。

如果把整个数学体系这幅大图的一部分遮盖住，只看其中一部分子图，就会发现有一些代表命题和否命题的节点是孤立的。这意味着这些孤立节点所代表的数学结论在小的数学系统里既不能被证明也不能被证伪。这就是哥德尔封印用图的语言来表达的版本。

为了彻底揭开哥德尔定理的逻辑封印，我们必须考虑把所有数学概念、定理和猜想都放进大数学体系——完全数学图中。但这幅完全数学图实在太庞大了，拥有海量的节点（命题）和边（逻辑关系），我们必须借助"神机"（量子计算机）与"妙算"（人工智能算法）才能理解。由于量子计算网络与人脑的神经网络非常相似，我们不但可以寻找最短路或局部最短路，甚至还可以构建新的数学节点，也就是提出新的数学概念，发明新的数学。

我们知道永远不会遗忘且能无限升级迭代的最佳候选对象就是人工智能。如上所述，学科理论体系的构建依赖第一性原理基础上的逻辑推理，而计算机本身就是依据二进制逻辑设计的，因此人工智能应该是最讲逻辑的，远远超过人类的感性。在这个意义上，人工智能是最合适的。但要想发现逻辑无法实现的、具有创造性的新原理，可能还需要依赖人工智能自我意识的觉醒。

国家最高科学技术奖得主吴文俊院士曾预言，几百年之后，数学的主流范式可能会由西方的欧几里得公理系统转换为东方的算法系统。吴文俊先生早年曾留学法国，在微分拓扑（拓扑空间的微分结构）领域做出了非常杰出的成就。他和塞尔、托姆、波莱尔被誉为拓扑学界的"四大天王"。后来，塞尔和托姆都获得了被誉为诺贝尔数学奖的菲尔兹奖。如果吴文俊先生不回国的话，应该也会获得菲尔兹奖，但用他自己的话说，回国之后他才意识到中国传统数学中算法思维的伟大，与此相比，得不得菲尔兹奖都是小事情了。

吴文俊先生早年因拓扑学中示性类及示嵌类的研究工作荣获中国科学院科学奖金一等奖（其他两位获得者为华罗庚先生和钱学森先生）。2000 年，他和袁隆平先生一起获得首届国家最高科学技术奖。他创立了"数学机械化"这一全新领域，希望像"蒸汽机把人手从体力劳动中解放出来那样，把人脑从脑力劳动中解放出来"。这是从中国古代数学中汲取的灵感，将"算法"这一全新的数学范式演绎到了极致。数学机械化方法在国际上被称作"吴方法"，吴文俊先生也因此获得了自动推理领域的最高奖——Herbrand 奖。

哥德尔不完备性定理除了对数学产生了颠覆世界观的影响外，对自然科学特别是物理学的探索也有极其重大的意义。物理学家毕生追求所谓的大统一理论，希望把宇宙运行的底层规律归结为若干条简洁的第一性原理。假设真的存在大统一理论，按照现代主流的科学发展范式，自然科学都要以数学作为主要语言去书

中国科学院科学奖金一等奖获得者
——钱学森（左）、华罗庚（中）、吴文俊（右）

写，作为主要工具去演绎。如果物理学存在简洁的几条第一性原理，则必然意味着原则上可以由第一性原理出发，通过数学理论的演绎来解释万事万物的变化，通过数学方程的演化来支配万事万物的运行。众所周知，数学本身的演绎过程是逻辑推理，因此第一性原理的存在意味着原则上可以通过逻辑推导出所有的结论，或者穷尽宇宙间的一切变化。这显然与哥德尔不完备性定理相矛盾。因此，在认识自然这一层面上，人类的逻辑思维可能天生就有缺陷，所以大统一理论即使存在，其表述形式也不是数学和逻辑的方式能演绎清楚的。史蒂芬·霍金在他的演讲《哥德尔与 M 理论》中也谈到了这一点。M 理论为 5 种弦理论的统一体，被誉为大统一理论最有力的候选者。

人类或者地球上未来的智慧生物有能力以某种非逻辑的方式找到大统一理论吗？也许正如霍金所说，物理学规律最底层的设计本身就存在后门，就会使得受其制约的智慧永远也理解不了。

6.4　规则的破坏者

虽然刻画我们这个世界的物理理论分支众多，但各个分支大都遵循如下两条规则。

①满足确定性和因果律。

②满足局域性。

"Never say never and never say forever"（绝不说绝不，也绝不说永远）是生物学家常说的一句话，表明不管人们总结出什么样的规律，在生物界里都能找到例外。对于物理世界来说，同样也存在着规则的破坏者。

确定性和因果律在微观世界中发生了背离。这种随机性的来源有如下三种可能。

第一种可能是微观世界底层的机理符合确定性和因果律，只是目前由于科技水平的限制而并不清楚，还存在一些所谓的隐变量未被发现。持有这种观点的代表人物是爱因斯坦和玻姆，他们认为随机性只是在隐变量未被发现之前的一种数学上的妥协，并不具有本质的意义。这就像统计物理学所做的，由于无法处理物理系统中的海量粒子，不得不引入概率统计这一数学工具。

第二种可能在于微观世界底层机制本身就是随机的。比如，量子力学的正统诠释——哥本哈根诠释以波函数的概率解释为基础，将随机性从宇宙的底层逻辑上演绎到了极致。现代物理实验预示着或许上帝真的掷骰子。

第三种可能也许是微观世界的本质机理不能完全由逻辑来阐释，需要呼唤新的数学范式。基于随机性的概率统计方法也许只是一种暂时性的替代品。由于物理实验本身具有误差，实验数据相对于真实数据的偏差是不可避免的。同理，即使物理理论并不能从本质上反映现实世界的客观规律，在误差范围内也是能够接受的。至于这一新的范式具体是什么，现在不得而知，甚至以人类的智慧和思维方式（本质上是大脑的工作原理和最大潜力）能否实现这种范式的转变，同样不得而知。因此，异于人类智慧的人工智能或许是一种比较好的尝试。

下面我们考虑物理规律对局域性的背离。众所周知，经典物理学中的规律满足局域性，即没有相互作用的两个物体之间不存在关联，如果存在相互作用，由狭义相对论可知其传播速度存在上限——光速。

根据哥本哈根诠释，任何微观粒子在测量之前都没有表现出确定的状态，而是

一系列本征态的叠加。比如，通过某种方式使一对电子的总自旋为零，未测量时，按照哥本哈根诠释，每个电子都会处于上旋和下旋的叠加态，直到进行测量时才会表现出到底是上旋还是下旋。现在考虑爱因斯坦他们的思想实验（经过玻姆简化的版本）。比如，通过光纤把总自旋为零且未经测量的电子对移动到相距较远的两个地方（极端一点，电子 A 在地球上，电子 B 在月球上），这时它们都处于上旋和下旋的叠加态。电子 A 和 B 组成的系统的波函数为 $|\psi\rangle = \frac{1}{\sqrt{2}} |\uparrow\downarrow\rangle + \frac{1}{\sqrt{2}} |\downarrow\uparrow\rangle$。如果对电子 A 进行测量会导致它的量子态塌缩，比如测得 A 的自旋是向上的，那么根据角动量守恒定律，电子 B 的量子态将会瞬间塌缩为自旋向下。

　　爱因斯坦坚信物理规律的局域性，他认为由于相距很远，电子 A 与 B 之间的相互作用可以忽略不计，因此它们之间不会产生关联影响。由于对电子 A 的测量实际上并没有干扰电子 B，又是什么因素导致电子 B 的波包塌缩呢？退一步讲，即使电子 B 能够发生波包塌缩，它又怎么知道必须为下旋呢？极大的可能是这样的：对电子 A 的测量使之变成了确定的上旋，按照角动量守恒，电子 B 必须塌缩成下旋才能维持电子 A、B 的总角动量为零。电子 A 将这个信息以某种方式瞬间传递给电子 B，电子 B 接收到这个信息后瞬间塌缩成了下旋。

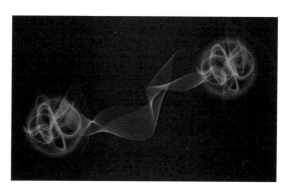

量子纠缠

　　但是，电子 A 究竟以何种方式把信息瞬间传给了电子 B 呢？这是个令人困惑的问题。根据狭义相对论，任何物质与能量的运动、信息的传递都存在速度上限——光速。这条准则不但在宏观世界里成立，而且在量子力学主导的微观世界里也被实验充分验证过。比如，在回旋加速器中，粒子会被加速，发生质量膨胀效应，因此速度接近光速的高能物理实验不得不采用动辄长达几十千米的直线加速器。又如，一些衰变期极短的基本粒子却能因为其自身的速度极高而移动较长的距离，以至于被实验仪器捕捉到。

再考虑之前所说的极端情况，电子 A 在地球上，电子 B 在月球上，看看会发生什么矛盾。这里必须指出，EPR 佯谬是一个思想实验，思想实验的实验室就是人类的大脑，实验仪器就是逻辑推理。因此，思想实验对于仪器的功能和精度以及实验者的操作技术的要求都不用过于苛刻，是否符合物理定律以及在逻辑推理上是否存在矛盾是最终的评判标准。物理学历史上的很多伟大人物都是做思想实验的高手，比如伽利略的斜面实验、比萨斜塔实验，牛顿的人造卫星实验，麦克斯韦的位移电流假说，爱因斯坦的火车实验、电梯实验、光子箱实验以及 EPR 佯谬等。在他们的理念里，宇宙间最好的实验室就是人类的大脑。

由于光速是信息传递的上限，因此地球上的电子 A 向月球上的电子 B 传递信息最少需要 1.5 秒的时间，而不是像 EPR 佯谬中所说的瞬间传递。假如承认了哥本哈根诠释中的公理（微观系统未被测量之前处于量子叠加态，测量使其依概率坍缩到一个本征态），在这个思想实验里就会出现违背狭义相对论的结论，所以爱因斯坦认为哥本哈根诠释是有问题的。

爱因斯坦的挑战很快就得到了玻尔的回应，玻尔立刻放下手中的工作全力应战。他好像故意要和爱因斯坦较劲，写了一篇几乎题目相同的论文《物理实在的量子力学描述是完备的!》，他只是把题目中的问号改成了叹号。玻尔认为，虽然电子对 A 和 B 相隔很远，但二者之间仍旧存在某种联系——现在称为量子纠缠，也就是说它们实际上构成一个整体的量子态。当我们对电子 A 进行测量时，并不是只对电子 A 进行测量而不对电子 B 进行测量，实际上是对电子 A 和 B 所构成的整体量子态进行测量，导致整体的量子态发生坍缩，电子 A 和 B 依概率同时分别坍缩成上旋和下旋。

两个粒子之间的量子纠缠被爱因斯坦形容为"幽灵般的超距作用"。容易看出，爱因斯坦与玻尔的分歧在本质上是哲学观念上的不同，虽然争论不休，但是不会有结果。物理学毕竟是一门实验科学，最终的裁判一定是物理实验。如何设计实验并不容易，直到爱因斯坦的粉丝贝尔建立了贝尔不等式，才最终给出了EPR 佯谬的实验裁决——物理规律真的是非局域性的。量子纠缠也成为了现代量子信息学的基础。

量子信息

我们把维数、不确定性、量子化和非局域性结合起来思考，可能会有不一样的发现。量子态本身就是高维空间中的对象，称为本源量子态，而人们在实验中所观测到的只不过是高维的本源量子态在三维空间中的投影。本源量子态随时间在高维空间中按照确定的机理演化，在三维空间中的版本即为薛定谔方程（非相对论版本）和狄拉克方程（相对论版本）。

6.5　来自高维的随机性

在上一节中，为了解释量子世界的规律在确定性、因果律和局域性上的背离，我们引入了本源量子态的概念。当本源量子态在高维空间中随时间演化时，其具体形态和相对于三维空间的方向也随之改变。当我们进行物理测量时，实际上是在测量本源量子态在三维空间中的投影，形态和方向的改变使得测量结果依概率变化。打一个形象的比喻，在台灯下观察变动着的魔方在桌子上的影子，魔方本身无疑是确定的，但由于运动和转动，影子呈现出不同的样子。由此可知，测量结果的本征态是从各个不同形态和方向对本源量子态进行的描绘。这或许就是不确定性的物理来源。

量子化也可以这样理解。对于连续变化的高维波形，当观测它在低维空间中的投影时，它自然会表现出量子化的特征。对于在二维空间中跳动的弦，如果在一维空间去观察（即用一维直线与之相交），它就是量子化的点。对于在三维空间中振动的膜，如果在二维空间中去观察（即用二维平面与之相交），它就是量子化的圈。

非局域性也是如此。在 EPR 佯谬中，量子纠缠被爱因斯坦形容为"幽灵般的超距作用"。事实上，存在量子纠缠的两个物体之间的联系并不像我们在三维空间中所感受到的那样如幽灵般虚无缥缈，而是在更高维空间中确定存在的关联。一个经典的例子是让一把三维空间中的椅子在地面

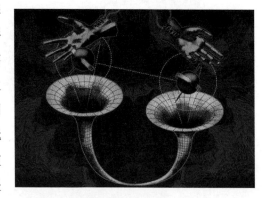

量子纠缠（EPR）与虫洞（ER）

上滑动，那么在只存在于二维地面上的生物看来，椅子与地面的 4 个相距较远的触点以完全一致的步调移动，貌似其间存在一种"幽灵般的关联效应"。这种关联的机制可能由高维的本源量子态所驱动，也可能受到存在于高维空间中的物质和能量（比如暗物质和暗能量）的影响。

这也许就如刘慈欣在科幻小说《诗云》中所描写的，他说："文明程度的度量标准是所能进入的空间的维数。能进入六维以上的空间是文明种族的基本条件。"《诗云》中的神级文明能进入十一维时空，而横扫地球的吞噬帝国只能在实验室里

小规模地进入四维空间，他们在神级文明的眼中只是未开化的原始部落。

　　当然，这里我们并没有考虑时间因素和心理学因素的影响，比如时间与空间之间以相对论方式发生的关联，包括狭义相对论中的洛伦兹变换、广义相对论中的时空互换以及物质和能量对时空的扭曲。还有时间箭头本身对过去、现在与未来的串联对于实验观测的影响，毕竟物理实验是在用过去的材料组装的仪器进行现在的测量，观测未来波包塌缩的实验结果。而对于观测对象而言，过去自由演化的本源量子态被现在的测量扰动而改变形态和相对于三维空间的方向，未来向三维空间投影（当然，用三维观点看，就是依概率实现波包塌缩）。

　　另外，既然我们知道量子世界可能并不遵守因果律（如惠勒的延迟选择实验以及量子擦除等），因此时间箭头本身在量子世界中是否存在还是未知的。基于时间箭头的实验观测，对于量子系统的刻画到底是否完全真实也是值得我们思考的问题。

　　更进一步地，在量子力学中，人类的自由意识对于波包塌缩起决定性作用，这说明人类的意识本身可能就是一种量子效应，所谓的观测只不过是意识的波函数与被观测对象的波函数的一种相互作用。一个很自然的问题是意识的波函数是不是高维的？根据前面谈到的高维本源量子态理论，这应该是显然的，但不可忽视的一点是意识出自人类大脑这种三维的物质器官，大脑可能就是一个三维的投影仪，导致我们所感受到的三维世界可能只是意识的本源量子态在三维空间中的投影。

黑　洞

那么，如何打开高维空间呢？我们之前谈到的黑洞应该是一个好的选择，但理论上的可能性对于现实操作来说帮助不大。黑洞普遍离我们很远，而且由于黑洞本身通过引力构筑了内核的屏障——视界，它本身就具有对信息的屏蔽效应，我们在外面很难对黑洞内部做出有效的观测。而黑洞的奇点附近才是信息量最大的地方，也是真正可以进入高维空间的入口。是不是人类就无能为力了呢？也不尽然，至少有下面三种途径可以尝试。

由于考虑黑洞的奇点和大爆炸的起点时，爱因斯坦的引力场方程会出现奇异性（无穷大），广义相对论会失效，因此第一种途径是发展使广义相对论与量子场论有机融合的新理论，比如霍金等人发展起来的弯曲时空量子场论以及后来的圈量子引力理论，乃至更一般的弦理论/M 理论。一旦将量子力学加入进来，特别是不确定性原理的影响，黑洞的奇点和大爆炸的起点有可能被量子效应所抹平。霍金晚年认为根本没有黑洞，只有"灰洞"（虽然有视界的屏蔽效应，但黑洞仍可以通过霍金辐射与外界发生联系、辐射能量乃至传递信息），而宇宙也没有所谓的大爆炸起点，而是无边界，时间也无始无终。

由于天然黑洞所存在的上述问题，我们还可以考虑在实验室里利用大型加速器在局部制造小型黑洞。这是第二种途径。为了防止黑洞的吞噬效应，我们可以使其带有电荷并利用磁场进行约束。虽然根据黑洞无毛定理，在视界之外只能测得质量、电荷与角动量的信息，但这些最基本的物理量也许就是打开高维空间的最重要的因素。相对而言，太多的细节反而不太重要了。

如果有一天我们能够读懂霍金辐射所携带的信息（假设霍金辐射确实携带信息），那么解读黑洞的霍金辐射就会和恒星的光谱分析一样，成为天文学的研究热点。如果不行的话，黑洞变化所产生的时空涟漪——引力波也可能泄露视界内部的天机，乃至更高维度空间经由黑洞的奇点传递的信息。这是第三种途径。

除了利用黑洞外，另一种思路也许可以依赖人类的意识。有句名言说："比陆地更宽广的是海洋，比海洋更宽广的是天空，比天空更宽广的是人类的心灵。"意识是由 860 亿个神经元构成的神经网络产生的，这个神经网络错综复杂，相应的维数早已脱离了三维的限制（比如数学上的豪斯道夫维数，在物理上异于三维空间的特征）。这说明神经网络的结构从某个侧面可以刻画更高维度的物理，其在三维空间中的表象是意识的基本特征。神经生物学和心理学关于意识积累了大量的研究成果，我们也许可以反推神经网络的结构，进而理解高维物理。

从精神层面来讲，意识可能只是一种量子现象，有可能通过神经元中某种粒子的量子纠缠来贡献更高的维度。当然，这里我们所谈的并不是通过逻辑推理进行分析，而是采用一些玄之又玄的方式，比如儒家的渐悟之境、道家的物外之境、佛家的心流之境。这确实够"玄幻"！

第**7**章 ▶▶▶

计算数学的神机妙算

7.1 线性方程组

在科学研究与实践中，将一个实际问题转化为线性问题加以研究是很常见的。线性问题往往可以通过对相应的线性方程组进行求解来解决。大约在 4000 年前，古巴比伦人就知道如何解由两个二元一次线性方程组成的方程组。在公元 1 世纪左右成书的《九章算术》中，我国古代数学家采用分离系数的方式表示线性方程组（相当于现在的矩阵方法），并给出了世界上最早的完整的线性方程组的解法，其思想与将要介绍的高斯消元法一致，但时间远早于西方。西方直到 17 世纪才由莱布尼茨提出比较完整的线性方程组的解法。值得一提的是，线性代数中行列式的概念就是莱布尼茨为了研究线性方程组才提出的。

非常多的数学家为线性方程组的求解做出了贡献，其中有伟大的高斯。作为数学家的高斯也是当时著名的天文学家和地理学家，他早年测量、计算过许多与历法、地理、天文有关的数据。在皮亚齐发现又跟丢了谷神星时，高斯帮忙找回了这颗小行星。为了计算天体的轨道，高斯需要强大高效的曲线拟合方法和线性方程组的求解方法。为了前者，他发明了最小二乘法；为了后者，他提出了高斯消元法。高斯消元法作为一种求解线性方程组的古老方法，直到今天仍是计算数学中常用的基本方法之一。

下面首先介绍线性方程组的一般性理论，通过线性方程组的不同表示形式，理解线性方程组的解所具有的不同含义。最后，通过一个例子看看如何用高斯消元法求解线性方程组。

称由一次多项式给出的方程为线性方程，由线性方程构成的方程组为线性方程组；称一组满足线性方程组的未知量的取值为此线性方程组的一个解；称线性方程组的全部解构成的集合为此线性方程组的解集。例如，$\begin{cases} -x+2y=0 \\ 2x-y=3 \end{cases}$ 是由多项式 $-x+2y$ 和 $2x-y-3$ 给出的关于未知量 x 和 y 的二元线性方程组。一般地，更习惯将常数项写在等号的右边。借助一些解析几何的知识，可知此方程组中的这两个方程对应于平面直角坐标系中的两条直线，而方程组的解集就是这两条直线在平面中的交点。

可以将有 m 个方程的 n 元线性方程组的基本形式写为

$$\begin{cases} a_{11}x_1+a_{12}x_2+\cdots+a_{1n}x_n=b_1 \\ a_{21}x_1+a_{22}x_2+\cdots+a_{2n}x_n=b_2 \\ \vdots \\ a_{m1}x_1+a_{m2}x_2+\cdots+a_{mn}x_n=b_m \end{cases} \qquad (1)$$

其中 x_1，x_2，$\cdots$，x_n 为 n 个未知量，a_{ij} 为第 i 个方程的第 j 个未知量的系数，b_i 为第 i 个方程的常数项，$i=1$，2，$\cdots$，m，$j=1$，2，$\cdots$，n。

那么，该如何理解基本形式下方程组的解呢？对于线性方程组，单纯考虑其中的未知量时，可以把这些未知量看作自由变量。有多少个自由变量，相应的"自由度"就是多少。而方程组中的每一个方程都对这些自由变量施加限制条件，每施加一个限制条件，"自由度"就会减 1。由于直线可以由一个自由变量自由变化得到，所以认为直线的"自由度"为 1；而平面可以由两个自由变量自由变化得到，所以认为平面的"自由度"为 2；相应地，可以由 n 个自由变量自由变化得到的几何对象的"自由度"应该为 n。一个点的"自由度"可以认为是 0。

在上面的例子 $\begin{cases} -x+2y=0 \\ 2x-y=3 \end{cases}$ 中，两个未知量 x 和 y 的"自由度"为 2。第一个方程 $-x+2y=0$ 对 x 和 y 施加了一个限制条件，使得"自由度"由 2 减 1 变为 1，得到一条"自由度"为 1 的直线。第二个方程 $2x-y=3$ 也对 x 和 y 施加了一个限制条件，得到另一条"自由度"为 1 的直线。对两条直线取交集，也就是把两个限制条件都施加到 x 和 y 上，得到了自由度为 0 的一个点，它对应于此线性方程组的唯一解。

将上面的想法推而广之，基本形式（1）就是对 n 个自由度的未知量 x_1，x_2，$\cdots$，x_n 依次施加 m 个线性方程所给出的限制条件。每个方程都对应于一个"自由度"为 $n-1$ 的几何对象，方程组的解集就是这 m 个"自由度"为 $n-1$ 的几何对象的交集。若交集非空，则有解；若交集为空集，则无解。

接下来通过向量这个工具给出线性方程组的向量形式。

举例来说，不难看出线性方程组 $\begin{cases} -x+2y=0 \\ 2x-y=3 \end{cases}$ 与向量方程 $\begin{pmatrix} -x+2y \\ 2x-y \end{pmatrix} = \begin{pmatrix} 0 \\ 3 \end{pmatrix}$ 同解，并且由 $\begin{pmatrix} -x+2y \\ 2x-y \end{pmatrix} = x\begin{pmatrix} -1 \\ 2 \end{pmatrix} + y\begin{pmatrix} 2 \\ -1 \end{pmatrix}$ 可知，$x\begin{pmatrix} -1 \\ 2 \end{pmatrix} + y\begin{pmatrix} 2 \\ -1 \end{pmatrix} = \begin{pmatrix} 0 \\ 3 \end{pmatrix}$。我们把 x 看作向量 $(-1,\ 2)^\mathrm{T}$ 的系数，把 y 看作向量 $(2,\ -1)^\mathrm{T}$ 的系数，则原方程组的求解问题就转化为以下问题：向量 $(-1,\ 2)^\mathrm{T}$ 和 $(2,\ -1)^\mathrm{T}$ 以怎样的系数相加后等于向量 $(0,\ 3)^\mathrm{T}$？显然，2 倍的向量 $(-1,\ 2)^\mathrm{T}$ 加 1 倍的向量 $(2,\ -1)^\mathrm{T}$ 等于向量 $(0,\ 3)^\mathrm{T}$。

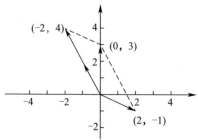

对于一般的线性方程组（1），同样有

$$
x_1\begin{pmatrix} a_{11} \\ a_{21} \\ \vdots \\ a_{m1} \end{pmatrix} + x_2\begin{pmatrix} a_{12} \\ a_{22} \\ \vdots \\ a_{m2} \end{pmatrix} + \cdots + x_n\begin{pmatrix} a_{1n} \\ a_{2n} \\ \vdots \\ a_{mn} \end{pmatrix} = \begin{pmatrix} b_1 \\ b_2 \\ \vdots \\ b_m \end{pmatrix} \tag{2}
$$

称式（2）为线性方程组（1）的向量形式。若对于 $j = 1,\ 2,\ \cdots,\ n$，令 $\boldsymbol{\alpha}_j = (a_{1j},$ $a_{2j},\ \cdots,\ a_{mj})^{\mathrm{T}}$，又令 $\boldsymbol{b} = (b_1,\ b_2,\ \cdots,\ b_m)^{\mathrm{T}}$ 为以各方程的常数项 $b_1,\ b_2,\ \cdots,\ b_m$ 为分量的 m 维向量，则线性方程组（1）的向量形式可简记为 $\sum\limits_{j=1}^{n} x_j \boldsymbol{\alpha}_j = \boldsymbol{b}$。

如何理解向量形式下线性方程组的解呢？显然，方程组 $\sum\limits_{j=1}^{n} x_j \boldsymbol{\alpha}_j = \boldsymbol{b}$ 的一个解与 $\boldsymbol{\alpha}_1,\ \boldsymbol{\alpha}_2,\ \cdots,\ \boldsymbol{\alpha}_n$ 加和出结果向量 $\boldsymbol{b}$ 的一组系数是一一对应的。具体来说，设线性方程组（1）有一组解 $x_1 = k_1,\ x_2 = k_2,\ \cdots,\ x_n = k_n$，则向量 $\boldsymbol{\alpha}_1,\ \boldsymbol{\alpha}_2,\ \cdots,\ \boldsymbol{\alpha}_n$ 以 $k_1,\ k_2,\ \cdots,\ k_n$ 为系数加和起来等于向量 $\boldsymbol{b}$，也就是 $\sum\limits_{j=1}^{n} k_j \boldsymbol{\alpha}_j = \boldsymbol{b}$。相应地，如果向量 $\boldsymbol{\alpha}_1,\ \boldsymbol{\alpha}_2,\ \cdots,\ \boldsymbol{\alpha}_n$ 以某组系数 $l_1,\ l_2,\ \cdots,\ l_n$ 加和起来等于向量 $\boldsymbol{b}$，那么令 $x_1 = l_1,\ x_2 = l_2,\ \cdots,\ x_n = l_n$，就得到线性方程组（1）的一组解。这样就从向量的角度赋予了线性方程组求解新的几何意义。

接下来通过矩阵这个工具给出线性方程组的矩阵形式。先给出 $m \times n$ 矩阵 $\boldsymbol{A}$ 与 n 维列向量 $\boldsymbol{\gamma}$ 的乘法，其结果是一个 m 维向量 $\boldsymbol{A\gamma}$，具体形式如下：

$$
\boldsymbol{A\gamma} = \begin{pmatrix} a_{11} & a_{12} & \cdots & a_{1n} \\ a_{21} & a_{22} & \cdots & a_{2n} \\ \vdots & \vdots & \vdots & \vdots \\ a_{m1} & a_{m2} & \cdots & a_{mn} \end{pmatrix} \begin{pmatrix} c_1 \\ c_2 \\ \vdots \\ c_n \end{pmatrix} = \begin{pmatrix} a_{11}c_1 + a_{12}c_2 + \cdots + a_{1n}c_n \\ a_{21}c_1 + a_{22}c_2 + \cdots + a_{2n}c_n \\ \vdots \\ a_{m1}c_1 + a_{m2}c_2 + \cdots + a_{mn}c_n \end{pmatrix}
$$

举一个应用矩阵与列向量乘法的例子。设甲工厂生产第一种产品的成本单价为 1 元，第二种产品的成本单价为 3 元；乙工厂生产第一种产品的成本单价为 2 元，第二种产品的成本单价也为 2 元。现在需要第一种产品 x 件，第二种产品 y

件，且只能由一家工厂生产。已知甲工厂的成本为 17 元，乙工厂的成本为 18 元。问 x 和 y 的取值是多少？我们可以写出 x 和 y 所满足的线性方程组 $\begin{cases} x+3y=17 \\ 2x+2y=18 \end{cases}$，也可以利用矩阵与列向量乘法将 x 和 y 的关系表示成 $\begin{pmatrix} 1 & 3 \\ 2 & 2 \end{pmatrix}\begin{pmatrix} x \\ y \end{pmatrix} = \begin{pmatrix} 17 \\ 18 \end{pmatrix}$。显然，二者有着明显的对应关系，方程组 $\begin{cases} x+3y=17 \\ 2x+2y=18 \end{cases}$ 的求解问题转化成矩阵 $\begin{pmatrix} -1 & 2 \\ 2 & -1 \end{pmatrix}$ 乘上怎样的列向量等于向量 $\begin{pmatrix} 0 \\ 3 \end{pmatrix}$，由此就能看出线性方程组的矩阵形式的初步思想。

将以上想法推广到一般情形。对于一般的线性方程组（1），令 A 为该方程组中未知量的系数保持行列关系所构成的系数矩阵，$X=(x_1,\ x_2,\ \cdots,\ x_n)^{\mathrm{T}}$ 为以未知量 $x_1,\ x_2,\ \cdots,\ x_n$ 为分量构成的 n 维向量，b 仍为以各方程的常数项 $b_1,\ b_2,\ \cdots,\ b_m$ 为分量的 m 维向量，则方程组（1）可表示为 $AX=b$，这称为方程组（1）的矩阵形式。由此看出线性方程组与方程中的未知量的系数和常数项组成的增广矩阵 $(A\mid b)$ 是一一对应的。

从向量空间的角度看，通过 $m \times n$ 型矩阵与 n 维列向量的乘法，我们可以得到一个从 n 维向量空间到 m 维向量空间的线性映射 f。从线性方程组的矩阵形式 $AX=b$ 出发看待方程组的解，就是考虑 A 所给出的线性映射 f 将哪些向量映射到了向量 b。或者说，方程组 $AX=b$ 的解集就是 b 在映射 f 下的原像集 $f^{-1}(b)$：方程组 $AX=b$ 有解等价于原像集 $f^{-1}(b)$ 为非空集；方程组 $AX=b$ 有唯一解等价于原像集 $f^{-1}(b)$ 里只有一个元素；而方程组 $AX=b$ 无解等价于原像集 $f^{-1}(b)$ 是空集。这样，线性方程组的求解问题就与线性空间之间的线性映射联系起来了，从而有了更广泛的应用。关于线性空间的介绍可以参见 2.6 节。

在明确了线性方程组的解的意义后，我们来看看高斯消元法是如何求解一个具体的线性方程组的。高斯消元法的核心思想是在不改变方程组的解集的前提下，通过消元操作，将变量尽可能地集中起来。不改变方程组的解集的消元操作有三种，分别是对换（交换第 i 行与第 j 行）、倍乘（将数 c 乘到第 i 行上）和倍加（将第 i 行的 k 倍加到第 j 行上，注意第 i 行不改变）。

我们通过一个例子具体说明一下。我们对线性方程组 $\begin{cases} x-2y=0 \\ 2x-y+z=2 \\ y+2z=-1 \end{cases}$ 进行消元，

在不改变方程组的解的前提下，要尽可能减少每个方程中未知量的个数。首先，把第一个方程乘以 -2 后再加到第二个方程上，消掉第二个方程中的未知量 x，得

到 $\begin{cases} x-2y=0 \\ 3y+z=2 \\ y+2z=-1 \end{cases}$。然后对换第二个和第三个方程，使得第二行的未知量 y 的系数变

为 1，得到 $\begin{cases} x-2y=0 \\ y+2z=-1 \\ 3y+z=2 \end{cases}$。接着把第二个方程乘以 -3 后再加到第三个方程上，消掉

第三个方程中的未知量 y，得到 $\begin{cases} x-2y=0 \\ y+2z=-1 \\ -5z=5 \end{cases}$。将第三个方程乘以 $-\dfrac{1}{5}$，使第三行中

的未知量 z 的系数为 1，得到 $\begin{cases} x-2y=0 \\ y+2z=-1 \\ z=-1 \end{cases}$。将第三个方程乘以 -2 后加到第二个方

程，消掉第二个方程中的未知量 z，得到 $\begin{cases} x-2y=0 \\ y=1 \\ z=-1 \end{cases}$。注意，此时第二个方程不会

增加新的未知量。最后将第二个方程乘以 2 后加到第一个方程上，消掉第一个方

程中的未知量 y，得到 $\begin{cases} x=2 \\ y=1 \\ z=-1 \end{cases}$，完成高斯消元法的整个求解过程。

可以看出，消元法是一种非常巧妙的方法，在改变线性方程组的同时不改变线性方程组的解。通过逐个消去未知量，就可以将最初不容易求解的线性方程组转化成容易求解的线性方程组。

对于一个有无穷多组解的线性方程组，还需要对消元后的线性方程组进行赋值计算才能得到所有解。这需要对解的结构进行讨论才能够解决，这里就不赘述了，感兴趣的读者可以在任何一本线性代数教材中找到求解方法。

7.2　现代计算机之父

约翰·冯·诺依曼是匈牙利裔美籍数学家、物理学家、计算机科学家、工程师，是一位罕见的全才式的天才。他被认为是"贯通基础数学和应用数学的最后一位代表人物"、将算子理论应用于量子力学的先驱、博弈论的奠基人……在他的诸多成就中，最为大众熟知的当数计算机领域中的开创性工作，他也因此被尊为"现代计算机之父"。

冯·诺依曼

如此一位天才是怎样长成的呢？我们先来讲一讲冯·诺依曼的出身。1903年12月28日，冯·诺依曼出生在匈牙利布达佩斯的一个富裕的犹太家庭中。他的父亲是一名银行家，非常富有，甚至富到捐钱给王室买回了一个贵族身份。从此，家族姓氏中便有了"冯"字。冯·诺依曼这个"富二代"的童年过得衣食无忧，同时也享受着非常优质的家庭教育，他的天资很早便开始显现出来。据说他在 6 岁时便可心算 8 位数除法，8 岁时已经熟练地掌握了微积分，11 岁时进入大学预科学习，12 岁时就读懂领会了波莱尔的大作《函数论》的要义。他的心智过人，记忆力超群。有一次，冯·诺依曼跟他的朋友打赌背诵狄更斯的《双城记》。朋友随意挑了几章考验他，他竟然一字不错。

冯·诺依曼的大学生涯更是潇洒。在经过预科学习后，冯·诺依曼在数学方面已经展现了惊人的天赋，但他的父亲觉得研究数学不挣钱（等他创立博弈论之后，他的父亲就知道错了），希望他进入工业界。冯·诺依曼做出了妥协，决定学习化学专业。他先在柏林大学学了两年非学位化学课程，后来又于 1923 年考入苏黎世联邦理工学院攻读化学学士，但同时也进入了布达佩斯大学攻读数学博士学位。数学那边不上课，只需考试，他真可谓"身在化学，心在数学"。结果天才就是不同凡响，数学和化学两头都没耽误。1926 年，冯·诺依曼顺利拿到了化学学士和数学博士两个学位。

大学毕业后在洛克菲勒基金会的资助下，冯·诺依曼前往哥廷根大学，跟随希尔伯特学习数学。此后的几年中，他的兴趣分布在集合论、测度论、量子力学等领域，同时还写出了关于博弈论的第一篇文章《关于博弈的理论》，证明了二人零和博弈必有最佳混合对策。1930 年，27 岁的冯·诺依曼远渡重洋来到美国，担任普林斯顿大学的客座教授。1933 年纳粹在德国掌权，冯·诺依曼没有再回德国，便留在了美国。当他成为普林斯顿高级研究院的终身教授时，也不过才 30 岁。

在普林斯顿的冯·诺依曼走进了一座安静的象牙塔，他在基础数学方面的研究逐渐达到了巅峰。他在数理逻辑方面提出了简单而明确的序数理论，并对集合论进行新的公理化，明确区别集合与类。他在研究希尔伯特空间时提出了线性自伴算子谱理论，从而为量子力学打下了数学基础。他证明了平均遍历定理，开拓了遍历理论的新领域。他运用紧致群为希尔伯特第五问题的解决做出了贡献。他在测度论、格论和连续几何学方面也有开创性的贡献。他和默里合作创造了算子环理论，即现在所谓的冯·诺伊曼代数。

1940 年以后，冯·诺依曼的研究方向开始转向计算。他天才的大脑已经意识到，有些问题除了用数值逼近的方法之外是无法解决的，而深厚的数学基础使他能把注意力集中在计算最本质的方面。他在早期电子计算机的基础上，为现代电子计算机提供了逻辑框架，成为此后几十年计算机系统结构发展的路线图。

在第二次世界大战期间，冯·诺依曼参与了美国原子弹的研制工作。这项工作涉及极为困难的计算。在研究原子核反应过程时，要对一个反应的传播做出"是"或"否"的判断。解决这一问题通常需要通过几十亿次数学运算和逻辑运算，尽管最终的数据并不要求十分精确，但所有的中间运算过程均不可缺少，而且要尽可能保持准确。他所在的洛·斯阿拉莫斯实验室为此聘用了100多名女计算员，利用老式计算机从早计算到晚，但还是远远不能满足需要。无穷无尽的数字和逻辑指令如同沙漠一样把人的智慧和精力吸尽。被计算机困扰的诺伊曼在一个极为偶然的机会知道了世界上第一台电子计算机 ENIAC 的研制计划，他立刻意识到了这项工作的深远意义。从此，他投身到计算机研制这一宏伟的事业中，建立了一生中最大的功绩。

在 1954 年提出的关于 EDVAC（离散变量自动电子计算机）的长达 101 页的报告草案（史称 101 草案）中，冯·诺依曼提出了计算机的三个基本设计思想。首先是采用二进制逻辑进行运算和数据存储，这大大简化了计算机结构的复杂程度，加快了运行速度。其次是程序存储执行，也就是通过计算机的内部存储器保存运算程序，程序员只需写入相关运算指令，计算机便能立即执行运算操作，避免了之前拔插导线来执行程序的麻烦，大大提高了运算效率。最后，他提出计算机由运算器、控制器、存储器、输入设备、输出设备五部分组成。通过输入设备把数据和运算符传输给存储器，存储器把数据和运算符传输给运算器，经过运算后得出结果并传输回存储器，存储器最后把数据传输给输出设备。在这个过程中，由存储器发出指令激活运算器的控制器，再由它分别对输入设备、存储器、输出设备等进行调度控制。这套理论架构被称为冯·诺依曼体系结构，至今仍为电子计算机设计者所遵循。这样看来，冯·诺依曼真是当之无愧的"现代计算机之父"。

速度远超人工计算的电子计算机的出现，极大地刺激了新的数值计算方法的出现。使用计算机进行计算要求有匹配的算法，但是一些经典的算法对于计算机而言未必是合适的，而一些看起来复杂的算法可能比较容易在计算机的逻辑架构下实现。在这方面，冯·诺依曼做出了许多重要贡献。他先后创造了矩阵特征值计算、求逆和随机数产生等十来种计算方法，后来又与美国数学家尤拉姆合作创造了著名的蒙特卡罗方法。这种方法将需要求解的数学问题转化为概率模型，在计算机上实现随机模拟获得近似解。蒙特卡罗方法使得计算机具备了处理大量随机数据的能力，至今仍在金融工程学、宏观经济学、生物医学、计算物理学等领域得到了广泛应用。他还提出了以他的名字命名的稳定性分析方法，用于确保以数值方法求解线性偏微分方程时每步计算的误差不会累积，至今仍是最常用的稳定性分析方法。冯·诺依曼还对天气预报很感兴趣。他和他的研究团队将海空能量和水分交换纳入天气研究中。为了计算气压涡度方程的数值积分，他编写了世界上第一款气候建模软件，并在 ENIAC 计算机上运行，得到了世界上第一份数值天气预报。随着研究的深入，冯·诺依曼提出了一种人类活动导致全球变暖的理论，他认为工业上燃烧煤炭和石油时释放到大气中的二氧化碳可能已经改变了大气的成分，这足以解释全球气候普遍变暖的现象。

在生命的最后几年中，冯·诺依曼综合早年关于逻辑研究的成果和计算机研究工作，把眼界扩展到一般自动机理论。冯·诺依曼对自我复制结构的严格数学分析早于 DNA 结构的发现。他在没有计算机帮助的情况下，用铅笔和方格纸构建了第一个自我复制的自动机（他还设计了一款自我复制的计算机程序，被认为是世界上第一种计算机病毒）。他还研究了自我复制自动机的复杂性进化。他说：“这里存在一个临界尺寸，低于这个临界尺寸，合成过程是退化的，但是超过这个临界尺寸，如果安排得当，合成现象可能会是爆炸性的。换句话说，自动机的合成可以这样的方式进行：每个自动机将产生比自身更复杂、潜力更大的其他自动机。”冯·诺依曼正是由此意识到计算机和人脑的某些相似之处，可惜的是他在逝世前没能完成这一系列关于大脑运作的论文，尽管他在生前认为这将是以他的名义取得的最高成就。1958 年，耶鲁大学出版社出版了他未完成的遗著《计算机与大脑》，展示了冯·诺依曼关于计算机和人脑类比的观点。1966 年，冯·诺依曼的《自复制自动机理论》出版，该书由他的电子计算机项目同事伯克斯根据他留下的手稿和笔记整理而成。

1957 年 2 月 8 日，冯·诺依曼因癌症逝世。时至今日，他的成就非但没有褪色，反而更加辉煌。在遍布计算机的今天，我们无法想象如果冯·诺依曼不曾出现，世界会是什么样子。我们以他的一句名言来缅怀这位大师："如果有人不相信数学是简单的，那是因为他们没有意识到人生有多么复杂。"

7.3　人工智能之父

艾伦·麦席森·图灵的一生充满传奇色彩。他聪明绝顶，年少成名，24 岁时就设计了图灵机模型，奠定了可计算理论的基础。他在第二次世界大战期间帮助盟军破译德国的密码系统，提早结束战争，拯救了千万人的生命。他提出了图灵测试，对机器智能进行了具有远见卓识的论述和预测，被尊为"人工智能之父"。他在 41 岁时服毒身亡，英年早逝，留给后世无限的唏嘘和感慨。这一节就来讲一讲图灵的故事。

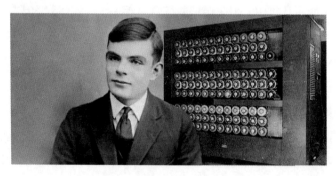

图 灵

1912 年，图灵生于英国伦敦。他的父亲本是在印度工作的一位英国公务员，但为了孩子在英国长大，所以和图灵的母亲回到了英国。母亲为了图灵的成长，在他的身上倾注了大量心血，图灵也和母亲非常亲密。他喜欢和母亲聊天，向母亲详细讲解他的学习和研究情况，包括后来他的"可计算数"等发现。图灵在小的时候就表现出了天才的潜质，在他热爱的方向上展现出了非凡的能力。中学时的他可以不借助微积分而求得反正切函数的无穷级数展开。他还钻研薛定谔的量子理论和爱因斯坦的相对论，不但读懂了这两位大师的观点，甚至为指导母亲阅读相对论著作写下了详尽的说明。

图灵在学校里与一位高一届的同学莫科姆建立了深厚的友谊。二人志趣相投，都热爱数学和科学，常常在一起听课、做实验和讨论问题。他们互相激励，将来要在科学事业上干出成就。1930 年 2 月，莫科姆因几年前感染的结核病并发症不幸去世。图灵为此悲痛不已，他在给莫科姆的母亲的信中写道："我敢肯定，我不可能在任何地方找到另一位如此聪明、如此迷人和不自负的同伴。我认为可以与他分享我对我的工作以及天文学（他向我介绍的）等事物的兴趣，我想他对我也有相同的感觉……我知道我必须像他活着时一样，把尽可能多的精力投入我的工作中，因为这就是他希望我做的。"有人推测，莫科姆的死是图灵转向支持无神论和唯物主义的原因。自此之后，他毕生探索并试图证明人的大脑思维是一种机械过程，人与机器并无本质上的不同，而生物的形态乃由自然的物理与化学过程决定。

中学毕业后，图灵进入剑桥大学国王学院学习数学，后来以优等的成绩毕业。毕业后不久，他完成了论文《论高斯误差函数》，证明了作为概率论核心的"中心极限定理"的一个版本。这使得他直接留校成为国王学院的教员。1935年，时任国王学院讲师的组合拓扑学先驱纽曼开设了"数学基础与哥德尔定理"课程。图灵前去听讲，被这部分数理逻辑的内容深深吸引，进而把接下来的研究方向放在了与之密切相关的"判定问题"上。

所谓"判定问题"是希尔伯特在 1928 年国际数学家大会上提出来的，即是否存在一种方法，能判用来断任何给定的数学命题可证或不可证？

1901 年罗素关于集合论的悖论引发了第三次数学危机。为了构筑牢固的数学理论基础，希尔伯特提出了"形式主义纲领"，试图把数学建立在有限的形式化公理系统上，同时要求这个系统是相容且完备的，也就是不包含矛盾的定理，而且所有命题都能被证明或证否。1931 年，奥地利数学家哥德尔通过自己构造的"哥德尔数"证明了任何一个包含皮亚诺算术公理（可简单理解为自然数及相关运算）

的公理化体系都不能同时满足相容性与完备性，由此否定了希尔伯特纲领。不难看出，"判定问题"就是希尔伯特纲领弱化后引申而来的一个问题。

1936 年，图灵发表了他的那篇划时代的论文《论可计算数，及其在"判定问题"中的应用》。在文中他首先研究了人类的计算过程，他把这样的过程看作两种简单的动作，即在纸上写上或擦除某个符号，以及把注意力从纸的一个位置移动到另一个位置。然后他用机器来模拟人们用纸和笔进行的数学运算，提出了一种十分简单而运算能力极强的理想计算装置，也就是著名的图灵机。图灵机由一个有限状态的控制器、一个分格的无限长的存储带和一个读写头组成。图灵机运行时，控制器从初始状态开始，首先对记录原始数据的存储带上的当前格进行读取，然后由读取信息与自身状态共同决定是否对当前格进行擦除或改写，是否改变控制器的状态，以及相对于存储带进行向左或向右的移动，周而复始。当控制器进入终止状态时，图灵机便停机了，此时存储带上的数据就是运算的最终结果。最后，图灵通过证明图灵机的停止问题是不可判定的（也就是不可能通过一种通用算法判定一个图灵机是否会停止），证明了"判定问题"是无解的，再一次破灭了希尔伯特的希望。

时至今日，图灵机仍是计算理论研究的中心。就连冯·诺依曼都曾认为，现代计算机的核心理念源于图灵的论文。虽然丘奇使用他的 λ 演算比图灵更早地证明了"判定问题"是无解的，但图灵的方法更加容易理解和直观。根据图灵和丘奇的理论，只有图灵机能解决的问题，实际的数字计算机才能解决。图灵机概括了计算机的计算能力，在逻辑指令、智力活动和具体的物理机器这三者之间建立了一致性，对计算机的结构、可实现性和局限性都产生了深远的影响。

1939 年，第二次世界大战爆发。刚从美国获得博士学位的图灵回到英国，不久之后就被征召进入英国的密码机构，开始了长达 6 年的破解德军密码的绝密工作。他特别负责破译德国海军的密码，针对德军的"恩格玛"，通过使用统计方法来优化密码破译过程中对各种可能性的试验，设计了非常有效的逻辑解法。根据战争历史学家哈里·欣斯利的估计，情报破译工作将欧洲战争缩短了两年多，挽救了 1400 多万人的生命。图灵因为在这项工作中的突出贡献而获得了英国政府的最高荣誉奖项——大英帝国荣誉勋章。

1945 年至 1947 年间，图灵在英国国家物理实验室中从事 ACE（自动计算引擎）的设计。在 1946 年发表的一篇论文中，他首次给出了程序存储式计算机的详细设计。虽然冯·诺依曼不完整的 EDVAC 报告初稿早于图灵的论文，但细节要少得多。

1950 年，图灵发表了题为《计算机与人工智能》的论文，这是人工智能领域的奠基之作。在这篇论文中，图灵提议考虑"机器能否思考"的问题，并提出了一个被称为图灵测试的实验，试图为机器的"智能"定义一个标准。图灵测试设想，一名人类测试员使用测试对象能够理解的语言，分别与身处密室中的一台机器和一个人自由地进行对话。假如经过若干轮对话后，测试员依然无法分辨出谁是机器、谁是人类，则说明该机器具有智能。这可以简单地理解为如果人们无法通过对话将一台机器与人类区分开来，那么这台机器就可以说具备了和人类类似的思维能力。他还建议，与其直接建立一款模拟成人思维的程序，不如制作一款更简单的程序来模拟孩子的思维，然后对其进行教育，使其成长。这个开创性的想法如今已经发展为"机器学习"这门多领域交叉学科。

1954 年 6 月的一天，图灵因英国政府的迫害选择了自杀。虽然在此后的几十年里随着图灵在战争中的丰功伟绩被公众知晓，英国政府为羞辱英雄的行为多次道歉，但图灵终究一去不复返了。

今天，我们手里的手机、办公桌上的计算机乃至生活中所用到的一切人工智能产品无不与图灵有关，可以说他的成就正在以前所未有的速度影响着世界。极少人能像图灵那样用自己短暂的一生改变人类今天的生活方式和对自身的认识。

7.4 驭神算而测无常

纵观数学的整个发展史，计算一直是最基础而又最前沿的方法与课题。相对于古希腊数学注重逻辑推理，中国古代数学一直偏重计算，有着悠久的数值计算传统。古代儒家的最初标准"君子六艺"中就有"数"这一艺，用以解决生产生活中的计算问题。在近代西方数学和自然科学传入之前，数学在中国一直被称为算学。

中国古代的数学家很早就懂得计算上分割、近似与拟合的思想。公元 3 世纪魏晋时期的数学家刘徽用圆内接正多边形来逼近圆周，以此求得圆的面积和周长的近似值。随着正多边形边数的增加，对圆周的近似程度也相应提高。割圆术与微积分中分割、近似、求和、取极限的想法简直不谋而合。刘徽通过割圆术得到圆周率的近似值为 3.1416。后来南北朝时期的数学家祖冲之在刘徽的基础上继续改进，将圆周率精确到小数点后第 7 位，这一纪录直到千年之后才被阿拉伯数学家打破。

使用计算器是中国传统数学的又一特点。中国古代的计算器有算筹和算盘等。算筹是一根根同样长短和粗细的小棍子，通过各个数位纵横相间的方式表示任意大的自然数。算盘又称珠算盘，通过一列列分为上下两部分的珠子来计数和计算，下面的一个珠子代表一，上面的一个珠子代表五，数位按列从右向左排布。算筹和算盘都有相应的口诀作为算法来进行运算，这与今天普遍采用的计算机辅助计算有着共通之处。如果把算筹、算盘之类的计算器看作计算机这样的硬件，那么计算器相应的算术口诀就是为计算机设计的程序。更一般地，中国古代数学中的"术"可以理解为一套描述程序化算法的程序语言。

从算筹到算盘

西方数学在微积分和分析学发展起来之后，在计算方面逐渐超越了中国。许多伟大的数学家（如牛顿、高斯、欧拉等）都在这方面做出了贡献。对于不容易得到精确解的方程求解问题，牛顿提出的牛顿迭代法利用导数，可以找到满足平方收敛的近似解，至今仍被广泛用在计算机编程中。高斯在计算天体的运行轨道时发明了最小二乘法，通过最小化误差的平方和，寻找与已知数据的匹配度最佳的近似函数。高斯还证明了如果数据误差的分布是正态分布，那么用最小二乘法得到的就是最有可能的值。欧拉为常微分方程初值问题而提出的欧拉方法是最简单、最古老的一种求解微分方程的数值方法，他以折线代替曲线，用差商逼近导数，从而将微分方程转化为代数方程，开创了微分方程数值计算的先河。

从古希腊数学一脉传承下来的西方数学强调数学的公理化、逻辑化和系统化。这使得西方数学家相对于计算中的单个问题（如圆周率的计算），更加注重整体地解决一类问题，如求解线性方程组、代数方程、微分方程等。对于线性方程组，在其阶数较小时可以求出解析解，但随着阶数的增加，求出解析解的难度和时间也相应增加，就不一定能满足实际应用的需要。五次及五次以上的代数方程的求根公式不存在，这是阿贝尔和伽罗瓦用群论方法证明的。无论是常微分方程还是偏微分方程，现有的解析方法只能用于求解一些特殊类型的定解问题，相当多的有实际应用价值的微分方程的解不能用初等函数来表示。因此，方程组求解常常需要求出数值解。所谓数值解是指在求解区间内的一系列离散点处给出真解的近似值。方程的数值解会随着方程系数的变化而变化，在系数给定时，需要找到一种通用的算法，从而准确而快速地找到数值解，使得在兼顾计算能力的同时，保证数值解的误差不会太大。

电子计算机的出现促进了计算数学的发展。现代计算追求高效、高精度，全面依靠计算机远超人类自身的计算能力。计算机的算力有多强大呢？古人为了求出圆周率的 30 位有效数字，可能需要投入毕生精力，而借助计算机，人们只需要 1 秒就可以完成。如果使用更高效的算法，计算机在 1 秒内可以求出上万位的有效数字。所以，现代计算中算法的优化往往比算力的提升更有效。比如，要计算 1 加 2 加 3……一直加到 100，一步一步加的话，至少需要近百次加法运算，而借助更好的算法，只需要用首项与末项的和乘以项数后再除以 2 就可以算出来，效率提升近 20 倍。现代计算数学的核心任务是找到快速、有效的算法，让计算机的威力最大限度地发挥出来。

大到宇宙，小到量子，我们都可以根据物理量之间的关系写出相应的微分方程，为它们建立数学模型。但这些微分方程往往非常复杂，计算机根本无法直接处理，空有一身算力，却无处施展。这时人们就不得不退而求其次了。找不到准确解没关系，可以找一个相对误差在可接受范围内的近似解。通过这个近似解，就可以在一定程度上知道理论的设想是否合理，预期的结果能否得到。计算数学要做的就是通过找到一种算法，为计算机无法直接处理的微分方程设计一个可以在计算机上运算的"替代品"，以算得近似解。当然，还要在理论上说明近似解的误差是可接受的。

那么用什么方法代替微分方程呢？微分方程是连续的，但计算机只能做有限的、离散的运算，所以首先要将微分方程离散化，转化成有限个线性或非线性方程。同时，对求解区域做网格化分割，在网格点上用微分方程的近似形式进行替代，比如用差商来代替导数等。这样就将微分方程离散成一个代数方程组。然后要求设计出来的算法是收敛的，也就是增加网格点的数量可以使得替代品有更高的精度。同时，也要求算法的稳定性好，在计算机上重复运算（迭代）时误差不会不断累积放大。最后，希望这种算法是高效的，在同样的时间内能达到更高的精度，或者算出结果所需的运算次数更少。

随着数学、物理学与计算机科学的发展，计算数学的内容也越来越丰富，在科学研究与工程技术中发挥着越来越大的作用。在计算数学的支持下，几乎所有理工学科都沿着定量化和精确化的方向发展，从而产生了一系列计算性的学科分支，如计算物理学、计算化学、计算生物学、计算地质学、计算气象学和计算材料学等。对于诸多复杂的实际问题，如热核能的利用、航天器的设计、分子结构的测定、金融衍生品的定价等，通过计算数学的数值计算方法找到了解决的出路。

拉普拉斯有一段名言，可以看作对计算数学的未来做出的预言。他说："我们可以把宇宙现在的状态看作它的历史的果和未来的因。如果存在这么一个智者，它在某一时刻能够获知驱动这个自然运动的所有的力，以及组成这个自然的所有物体的位置，并且这个智者足够强大，可以对这些数据进行分析，那么宇宙之中从庞大的天体到微小的原子都将被包含在一个运动方程之中。对这个智者而言，未来将无一不确定，恰如历史一样，在他的眼前一览无余。"在计算数学的视角下，计算就是人们认识世界的手段。当数据足够充足，算法足够先进，算力足够强大时，我们就能算得这个世界的一切，包括过去、现在和未来。

附录 1 ▶▶▶
数学第一性原理

对于数学第一性原理的思考源于一个深刻而有趣的问题："在 5 分钟之内如何让学生真正理解数学？"提出该问题的是著名物理学家、教育家、中国海洋大学行远书院前院长钱致榕先生。本节是对数学第一性原理的深入思考，将本书中介绍的数学第一性原理归纳为如下 7 条。

公理化方法

这无疑是延续两千多年的数学理论的演绎范式，源头可以追溯到欧几里得的《几何原本》。在《几何原本》中，欧几里得通过 23 条定义、5 条公理和 5 条公设，只凭借逻辑推理便得到了 465 个命题，将从古埃及和古巴比伦时代流传下来的几何结论尽纳其中。

欧几里得的公理化方法深深地影响了后世的数学家和科学家，在数学和物理学领域有许多典型例子。

牛顿在《自然哲学的数学原理》中以牛顿三大定律、万有引力定律和绝对时空观为公理，以欧氏几何为工具建立了经典力学体系，标志着近代物理学的开端。希尔伯特在《几何基础》中改进了《几何原本》中过度依赖直觉的部分，以 5 组 20 条公理把欧氏几何变成一个更加抽象严格的公理化系统。爱因斯坦在

《狭义与广义相对论浅说》中以相对性原理（惯性系平权）和光速不变原理为公理，以初等数学为工具建立了狭义相对论，以广义相对性原理（参考系平权）、等效原理、马赫原理和引力场方程为公理，建立了现代物理学的一大支柱——广义相对论。量子力学的正统诠释——哥本哈根诠释以互补原理、对应原理、波函数的概率解释、不确定性原理和测量导致的波包塌缩为公理，建立了现代物理学的另一大支柱——量子力学。

《几何基础》的成功深深地震撼了希尔伯特。作为 20 世纪最伟大的数学家之一，他所追求的当然不是一城一地的得失，而是整个数学体系的和谐。他在 1900 年第二届国际数学家大会上提出了 23 个数学问题，为 20 世纪数学的发展指明了方向。此外，希尔伯特还凭借他崇高的威望和哥廷根大学作为数学中心的得天独厚的优势，掀起了一场轰轰烈烈的公理化运动。

希尔伯特当初的设想是希望从数学的每一个分支中选取几条合适的公理，凭借逻辑推理把相应的数学体系构建出来。但后来人们知道，如果只借助逻辑推理，根据哥德尔的不完备性定理，对于任一可容纳皮亚诺算术公理的数学系统，无论如何选择公理，总会有一些结论既不能被证明也不能被证伪，这说明人类的逻辑本身可能有某种缺陷。

结构主义

根据布尔巴基学派的观点，数学是研究各种数学结构的学科，基本的数学结构有三大类——代数结构、拓扑结构和序结构。布尔巴基学派的结构主义无疑是研究数学的内功心法，可以使我们从纷繁复杂的数学定义、定理和公式中梳理出问题的本质，比如以下例子。

在高等数学里最早出现的是单变量微积分，它研究定义域和值域都为实数的函数的连续性、可微性以及可积性。为什么从这里开始呢？因为实数本身具有代数、拓扑和序三大结构，结构足够丰富，因此得到结论的过程相对简单，结论非常丰富。

如果在集合上添加拓扑结构，就得到了一个拓扑空间。在此拓扑空间中添加微分结构，就得到了微分流形。在此微分流形上添加度量结构，就得到了黎曼流形。使度量结构按照一定的方式沿时间演化，就得到了佩雷尔曼最终解决庞加莱猜想的 Ricci 流。如果在集合上添加线性结构，就得到了一个线性空间。在此线性空间中添加范数结构，就得到了赋范线性空间。特别地，如果该范数还能满足平行四边形公式，则赋范线性空间就可以诱导出内积结构，变成内积空间。

线 性 化

目前我们所接触的较为成熟的数学体系大都是线性的，这非常自然，毕竟人类大脑的思考方式就是线性的。比如，微分学用切线来逼近曲线，而积分学用矩形面积来逼近曲边梯形。事实上，整个微积分是通过"以直代曲"来线性化问题的，而研究线性系统的利器是线性代数。这也是为什么大学生在学习微积分的同时还要学习线性代数。

微积分的源头可以追溯到古希腊时期的阿基米德，这位被誉为"数学之神"的天才在人类历史上第一次得到了正确的球体积公式。这在中国古代是由三位伟大的数学家刘徽、祖冲之和祖暅联手才得到的。阿基米德所用的方法在本质上就是微元法，如果他能找到理想的弟子把他的学说体系有效传承下去，也许在两千多年前人类就会发明微积分，数学和科学的发展无疑更早地进入快车道。难怪数学的最高奖菲尔兹奖的金质奖章上赫然印着阿基米德的头像。

非 线 性

线性问题在本质上只是一种理想化，在现实世界里我们碰到的大多数问题都是非线性的。非线性实际上是一种由简单制造复杂的有效机制。从直观上来看，如果线性对应于平直，非线性就对应于弯曲。现实世界中大多数复杂问题的核心就是非线性。比如，描述海洋、大气等流体变化的纳维-斯托克斯方程是典型的非线性偏微分方程，其解的存在性与光滑性问题被列为千禧年七大数学难题之一。由于非线性对初始误差的指数级放大效应，会出现像蝴蝶效应这种匪夷所思的现象。广义相对论中描述引力的爱因斯坦引力场方程也是非线性方程的典型代表。正如约翰·惠勒所说，引力场方程的本质是"物质告诉时空如何弯曲，时空告诉物质如何运动"。从本质上说，这是由 10 个二阶非线性偏微分方程组成的方程组，其复杂程度可想而知，即使爱因斯坦也未得到一个精确解。这样一个非线性系统决定了小到行星、恒星，大到星系、宇宙的演化进程。

值得指出的是，非线性系统的机理其实是完全确定的，其本质可能也是非常简单的，只是由于非线性的放大效应经过时间累积表现出了复杂性。

随 机 性

与非线性系统在本质上的确定性不同，有些系统背后的机理其实并不清楚，甚至底层机制可能就是随机的，比如，量子力学的正统诠释——哥本哈根诠释以波函数的概率解释为基础，将随机性从宇宙的底层逻辑上演绎到了极致。以玻尔为代表的哥本哈根学派遭到了爱因斯坦的强烈反对，爱因斯坦认为"上帝不会掷骰子"，但正像玻尔所反驳的"爱因斯坦，别去指挥上帝怎么做"那样，现代物理实验预示着或许上帝真的掷骰子。

对于随机性问题，人们不得不采用一种妥协的策略——利用概率和统计，但这种策略的未来也可能出现如下三种情况。

第一种情况是本质机理被揭示，说明该问题本质上并非随机性问题，自然可以利用明确的机理进行分析，也有可能面对非线性所带来的长时间准确性的缺失。第二种情况是本质机理不能完全由逻辑来阐释，需要呼唤新的数学范式，而这一新的范式具体是什么，现在不得而知。第三种情况是底层逻辑是随机性的，无法被确定的机制所描述，所以需要用统计的方法进行海量数据的积累和挖掘，以概率为语言描绘出规律，最典型的就是波函数的概率解释（玻恩还因此获得了诺贝尔物理学奖）。

宇宙立法

物理学的尽头是数学，数学的尽头是哲学。任何一套科学理论最终都要以数学的形式来呈现。马克思曾说："判断一门学科成熟与否的标志，就是看数学是否进入了这门学科。"当一门学科趋于成熟时，一定会对其主要的研究对象之间的量化关系及其随时间和空间的变化有深入的理解，而刻画这种关系和变化的最好工具或者语言是数学，从而对现实世界进行符合逻辑的模型投影。

"数学王子"高斯曾说："数学是自然科学的女皇……"他认为数学对于科学起着统御全局的作用。当然也有人认为"数学是自然科学的奴仆"，扮演着工具人的角色。不管怎么说，任何一套科学理论都可以通过数学模型来展现。杨振宁先生曾问陈省身先生，数学家是怎样在没有任何物理背景的前提下，单凭逻辑就发明了纤维丛理论的呢？陈省身先生认为，纤维丛理论不是数学家发明的，它是客观存在的，本来就在那里，数学家只是偶尔灵光一现发现了它。这就是数学中的"文章本天成，妙手偶得之"。

既然科学的任何理论最终都会在数学里面找到对应，我们反过来想，是不是任何一个数学理论都可以找到科学的背景呢？换句话说，如果我们把世界分成现实世界和数学世界，按照陈省身先生的观点，数学世界应该也是客观存在的。

我们知道还有这样一句话："科学研究的是 Our World，而数学研究的是 One World。"什么意思呢？对于数学理论，无论其得到的结论看起来多么荒谬，多么有悖于人类的常识，只要它们在逻辑上无懈可击，能够自洽，在数学上就是有意义的。因此，数学所包含的范围广得多，不需要非得反映现实世界（或者说我们所在的宇宙）的运行规律，只要逻辑上没有问题就可以。

道法自然

如果只是靠逻辑推理来发展数学理论，难免会碰到很复杂的情况。单靠逻辑也许很难找到一条正确的道路。但如果我们承认"数学是宇宙的语言",也许可以从自然界中获得启发。比如,在弦理论学家的启发下,一些困扰数学家许多年的老大难问题得到了完美的解决。难怪有人形容弦理论学家像来自未来的失意的人,他们只记住了数学证明的只言片语,但就是这关键的几步给了数学家以极大的启发。原因可能在于弦理论是大统一理论的备选方案之一,所依托的物理背景是整个宇宙的奥秘。这好比通过对 iPhone 的模仿,人类进入了智能手机的时代。道法自然在某种意义上是求师于上帝。当然,这里的"上帝"并不是指人格意义上的上帝,而是指造物主或者自然规律。

李政道先生说:"真正创造性的科学发现都不是靠逻辑推理推出来的,而是猜出来的(灵光一现)。"这也容易理解,因为单凭逻辑推理的话,从 A 推出 B,B 一定弱于 A,最多和 A 等价。因此,单凭逻辑推理,最终只是将作为第一性原理的公理以较弱或者等价的形式重新展现,不会产生本质上的新东西。

因此,要想实现科学的跳跃式发展,必须依靠那些宝贵的灵光一现,以下实例足以说明这一观点。道家的无中生有、佛家的缘起性空和现代物理学的真空不空有异曲同工之妙。法拉第引入场的概念,被爱因斯坦认为是牛顿以来最重要的发现。爱因斯坦发现了质能方程、引力的本质是时空弯曲的几何效应、EPR 佯谬(量子纠缠)。海森堡发现的不确定性原理是宇宙大爆炸、黑洞霍金辐射的原因。狄拉克预言反物质,将物质的种类翻了一番。诺特指出每一种对称性都对应于一种守恒律,杨振宁指出对称决定相互作用。达尔文提出自然选择学说(物竞天择,适者生存),沃森和克里克解析了 DNA 的双螺旋结构,克里克提出了分子生物学的中心法则。

刘慈欣在小说《朝闻道》中写道:"从仰望星空到飞上太空之间的距离,就相当于发现宝石弯腰捡起来的过程,它们之间只是相差弯腰那一小步,所以更重要的是发现宝石——仰望星空。"这段话颇耐人寻味。

附录 **2** ▶▶▶
极简数学史

数学概念的创造、数学理论的发展和数学思想的进化，是一种自然而然、逐步深化的过程。我们可以将数学的发展历史分为如下七个阶段。

混沌初开——古文明时期的数学起源

尼罗河水患后丈量土地的需要，客观上促使古埃及人创立了早期的几何学。计数与计数系统在古巴比伦的蓬勃发展催生了早期的代数学。

科学之源——古希腊时代的数学

现代科学与哲学的源头都可以追溯到两千多年前的古希腊时代，数学也不例外。古希腊的数学发展主要包含以下几个方面。

毕达哥拉斯学派的"万物皆数"的哲学思想开启了对世界本原抽象化的思考。欧几里得的几何学集大成之作《几何原本》不但使得欧氏几何的崇高信仰深入人心，还为后世数学与科学的发展奠定了公理化的范式。"数学之神"阿基米德在人类历史上第一次推出了球的体积公式，其看家本领"无穷小分析"本质上就是微积分的雏形。丢番图的《算术》在几何学一统天下的古希腊时代为代数学埋下了一颗即将萌发的种子。

缓慢探索——中世纪的数学

东方的印度和阿拉伯继承了古希腊的数学传统，在中世纪扛起了数学发展的大旗，尤其值得称道的是由印度人发明、阿拉伯人传播的阿拉伯数字风靡全世界。古代中国天人合一的哲学思想将数学、天文与科学有机融合在一起，而基于问题驱动的算法系统是古希腊公理化系统之外的新的数学范式。

英雄时代——文艺复兴时期的数学

代数方程理论的发展是数域扩充的不竭动力。从自然数到整数，从有理数到实数，从复数到四元数，人类对数的认识在不断颠覆与重建。笛卡儿与费马的解析几何成功地实现了数形结合，至此双剑合璧、天下无敌。牛顿与莱布尼茨继承了阿基米德的思想，他们发明的微积分使得变量数学登上了舞台，从此数学的发展步入了快车道。在赌博中诞生了早期的概率论，在确定性的背景中添加了一抹随机的色彩。

群星璀璨——近代数学

这个时代无疑是数学发展的黄金时代，数学史上那些灿若星辰的伟大人物大都生活在这个非凡的时代，他们为后世的数学提出了原创性的思想和观念。至此，纯粹数学的三大分支——分析学、代数学与几何学三足鼎立的格局悄然形成。

分析学

在欧拉、达朗贝尔、拉格朗日、拉普拉斯以及傅里叶等数学家的努力下，微积分与微分方程的方法渗透到了科学的各个领域。雄伟的微积分大厦需要更加坚实的基础，以实数理论为代表的分析学严密化在柯西、戴德金、康托、魏尔斯特拉斯的手中成为现实。

代数学

一元 n 次方程的根式求解问题促使年轻的数学天才阿贝尔和伽罗瓦建立了近世代数（抽象代数），也启发了库默尔将初等数论拓展到了代数数论。狄利克雷和黎曼接过了欧拉和高斯的衣钵，将复变函数应用于数论研究，创立了解析数论。线性代数的创立使得微积分有了忠实的伙伴，给出非线性问题线性化之后精确的数学逻辑。

几何学

对欧几里得第五公设的研究使得高斯、鲍耶、罗巴切夫斯基和黎曼意识到，除了欧氏几何之外，还有新的几何学——非欧几何存在。黎曼基于流形的概念创立的黎曼几何与克莱因提出的埃尔朗根纲领无疑是近代几何学的集大成之作。

学科云集——现代数学

20 世纪的现代数学，其显著特征就是新的数学分支大量涌现，整个数学体系极其庞大，蔚为壮观。

1900 年，希尔伯特在第二届国际数学家大会上提出的 23 个数学问题为 20 世纪数学的发展指明了方向。庞加莱关于自守形式、复变函数论、代数拓扑、微分方程定性理论和数论的研究，引领了 20 世纪主流数学的发展。外尔毕生追求真与美，致力于将数学和物理学有机融合。他开创的 U（1）规范场理论深刻地刻画了电磁场的对称性，为杨-米尔斯规范场乃至粒子物理标准模型的出现打开了大门。"代数学的女王"诺特将近世代数进一步完善成一套完整的理论体系，其关于对称性与守恒律之间的对应关系的深刻洞察触摸到了最底层的自然规律。巴拿赫开创的泛函分析无疑是分析学的集大成者，它作为线性代数的无穷维版本，将变分法、微分方程、积分方程、函数论以及量子力学容纳其中。"现代计算机之父"冯·诺依曼以泛函分析为基础建立了量子力学的数学基础，他还是博弈论和计算机理论的奠基人。"现代代数几何的开创者"格罗滕迪克通过引入概形将代数几何还原为交换代数学，还发展了平展上同调、L 进上同调与动形理论。

走向统一——当代数学

当代数学的主要特色是什么呢？简而言之，走向统一。众所周知，物理学的发展、物理思想的进化便是一条由浅入深、逐步深化的"统一之路"。物理学经历了若干个重要的统一节点，每次统一都建立起了蔚为壮观的物理学大厦。

数学遵循何种统一之路呢？布尔巴基学派的结构主义观念给数学统一提供了一条可能的线索。结构主义的理念使得我们可以清楚地看到数学发展的未来趋势。比如，将各种结构有机结合起来，研究结构交叉得到新的数学对象。进一步地，可以问题和猜想为导向来构造新的结构。比如，对丢番图方程的研究促进了对椭圆曲线的群结构与对应模形式的研究。还可以研究不同数学结构之间的关联和对应关系，比如被誉为"数学大统一理论"的朗兰兹纲领和菲尔兹奖得主孔涅的非交换几何。

还有一种统一是数学与物理学的统一。在数学和物理学的发展史上，确实有像分析的严密化这类纯粹靠逻辑推动的研究，但总体来说，合大于分的统一是数学和物理学发展的主旋律，20 世纪以来尤为如此。

经典力学中的核心——牛顿第二定律，从数学观点来看就是一个二阶常微分方程（组）。电、磁和光的基础——麦克斯韦方程组，从数学观点去看就是一阶线性偏微分方程组。爱因斯坦最伟大的贡献——广义相对论在数学中对应于黎曼几何，现代物理学的另一大支柱——量子力学在数学中对应于泛函分析。如果审视现代物理学，比如说杨-米尔斯规范场理论最终可以导出粒子物理的标准模型，从数学上看这就是纤维丛理论。抽象代数中的群论是刻画对称性最好的工具，在规范场论、凝聚态物理、超弦理论等现代物理学的各个分支中都有重要应用。包罗万象的弦理论所对应的是整个现代数学。

我们把世界分成现实世界和数学世界，如果说现实世界的规律是物理学的话，数学世界的规律便是数学。数学与物理学的统一，从映射的角度看就是建立从现实世界到数学世界的映射。至于是不是一一映射，乃至同构或者同胚，就不得而知了。

参考文献 ➤➤➤

［1］ ［英］托尼·克里利. 影响数学发展的 20 个大问题［M］. 王耀杨，译. 北京：人民邮电出版社，2012.

［2］ ［美］威廉·邓纳姆. 天才引导的历程：数学中的伟大定理［M］. 李繁荣，李莉萍，译. 北京：机械工业出版社，2016.

［3］ ［美］史蒂夫·斯托加茨. X 的奇幻之旅［M］. 鲁冬旭，译. 北京：中信出版社，2014.

［4］ ［美］史蒂夫·斯托加茨. 微积分的力量［M］. 任烨，译. 北京：中信出版社，2021.

［5］ ［英］理查德·曼凯维奇. 数学的故事［M］. 冯速，等，译. 海口：海南出版社，2014.

［6］ ［英］克里斯·韦林. 从 0 到无穷，数学如何改变了世界［M］. 邹卓威，译. 北京：北京时代华文书局，2015.

［7］ ［美］埃里克·坦普尔·贝尔. 数学大师：从芝诺到庞加莱［M］. 徐源，译. 上海：上海科技教育出版社，2018.

［8］ ［德］埃伯哈德·蔡德勒，等. 数学指南［M］. 李文林，等，译. 北京：科学出版社，2012.

［9］ ［瑞典］拉斯·戈丁. 数学概观［M］. 胡作玄，译. 北京：科学出版社，2001.

［10］ ［美］威廉·邓纳姆. 微积分的历程［M］. 李伯民，汪军，张怀勇，译. 北京：人民邮电出版社，2010.

［11］ ［美］莫里斯·克莱因．古今数学思想（第一册）［M］．张理京，张锦炎，江泽涵，等，译．上海：上海科学技术出版社，2014.

［12］ ［美］莫里斯·克莱因．古今数学思想（第二册）［M］．石生明，万伟勋，孙树本，等，译．上海：上海科学技术出版社，2014.

［13］ ［美］莫里斯·克莱因．古今数学思想（第三册）［M］．邓东皋，张恭庆，等，译．上海：上海科学技术出版社，2014.

［14］ 李文林．数学史概论［M］．北京：高等教育出版社，2021.

［15］ ［美］维克多·J. 卡茨．数学史通论［M］．李文林，邹建成，胥鸣伟，等，译．北京：高等教育出版社，2004.

［16］ ［英］威廉·蒂莫西·高尔斯．普林斯顿数学指南［M］．齐民友，译．北京：科学出版社，2014.

［17］ ［美］约翰·冯·诺依曼．量子力学的数学基础［M］．凌复华，译．北京：科学出版社，2020.

［18］ 张礼，葛墨林．量子力学的前沿问题（英文版）［M］．北京：清华大学出版社，2020.

［19］ ［英］保罗·狄拉克．量子力学原理［M］．凌东波，译．北京：科学出版社，2018.

［20］ ［美］大卫·杰弗里·格里菲斯．量子力学概论［M］．贾瑜，胡行，李玉晓，译．北京：机械工业出版社，2009.

［21］ 黄祖洽．现代物理学前沿选讲［M］．北京：科学出版社，2013.

［22］ 王顺金．物理学前沿：问题与基础［M］．北京：科学出版社，2013.

［23］ ［英］史蒂夫·亚当斯．现代物理学简史［M］．周福新，轩植华，单振国，译．上海：上海科学技术出版社，2021.